U0729403

生态保护与环境治理技术研究

李 扬 著

哈尔滨出版社
HARBIN PUBLISHING HOUSE

图书在版编目（CIP）数据

生态保护与环境治理技术研究 / 李扬著. -- 哈尔滨：
哈尔滨出版社，2024.10. -- ISBN 978-7-5484-8166-9

Ⅰ. X171.4

中国国家版本馆 CIP 数据核字第 2024Q28B51 号

书　　名：生态保护与环境治理技术研究
SHENGTAI BAOHU YU HUANJING ZHILI JISHU YANJIU

作　　者：李 扬 著
责任编辑：赵海燕
封面设计：赵庆旸

出版发行：哈尔滨出版社（Harbin Publishing House）
社　　址：哈尔滨市香坊区泰山路 82－9 号　　邮编：150090
经　　销：全国新华书店
印　　刷：北京鑫益晖印刷有限公司
网　　址：www. hrbcbs. com
E － mail：hrbcbs@yeah. net
编辑版权热线：（0451）87900271　87900272
销售热线：（0451）87900202　87900203

开　　本：787mm×1092mm　1/16　印张：11.5　字数：235 千字
版　　次：2024 年 10 月第 1 版
印　　次：2024 年 10 月第 1 次印刷
书　　号：ISBN 978-7-5484-8166-9
定　　价：48.00 元

凡购本社图书发现印装错误，请与本社印制部联系调换。
服务热线：（0451）87900279

前　　言

随着全球经济的发展，人类对生态系统的开发与利用日益深化，这既促进了经济发展，也对自然环境造成了破坏，甚至造成了部分生态系统的永久性损伤，对生态平衡及社会经济的可持续发展构成了威胁。近年来，世界各国在生态保护上的投入显著增加，取得了一系列积极成果。然而，不容忽视的是，全球整体生态环境恶化的趋势尚未得到根本性扭转，区域性、局部性生态环境问题依然严重，生态系统的自我调节与恢复能力被削弱，部分严重受损的生态区域已对公众健康及经济社会发展构成威胁。

由于生态系统的复杂性和区域性特征，当前我国对整体生态环境状况及其变化趋势的认知尚存不足，基础研究薄弱导致生态环境保护、管理和决策过程中存在一定的盲目性，缺乏足够的针对性和精准性。因此，强化生态系统管理视角下的环境治理工作，深入研究生态环境的自然演变规律及人为干扰下的变化模式，明确问题根源，是提升区域生态环境保护与管理决策科学性、有效性的关键。

环境治理作为环境科学的核心领域之一，其重要性不言而喻。它涵盖了两大核心任务：一是预防性治理，即通过技术创新提升资源利用效率，减少污染排放，实现生产过程的绿色化、无害化；二是修复性治理，即运用现代科技手段对环境污染进行综合治理，实现废物的资源化利用，对难以通过技术改造消除的污染物采取高效、经济的治理措施。

本书系统而深入地探讨了该领域的多个关键议题。全书共分为八章，前三章聚焦于生态环境、生态保护的优先原则及生态系统与环境保护等问题，为后续章节的技术分析奠定了坚实的理论基础。随后，针对水、湿地、大气、土壤等不同类型的生态与环境污染问题分别介绍了相应的修复技术，展现了该领域的最新研究成果与实践经验。最后，本书还对固体废物污染及其处理技术进行了详尽探讨，为介绍生态保护与环境治理技术提供了有力支撑。

本书不仅注重理论阐述，更强调实践应用，结构清晰、内容全面。通过阅读本书，读者能够系统地掌握生态保护与环境治理的基本理论与技术方法，对我国生态环境保护情况形成总体认识。

目　录

第一章

生态环境

第一节　生态环境概述

一、生态环境的概念和分类

在生态学领域，"生态"一词深刻地揭示了生物体与其赖以生存的周围环境之间错综复杂又相互依存的关系，以及这两者共同构建的和谐统一体。而在环境保护的实践中，"生态环境"这一术语被广泛应用，它进一步扩展了"生态"的内涵，特指那些除直接环境污染因素外，影响人类生存与发展的所有自然与社会环境条件的总和。

具体而言，生态环境可细分为三大组成部分：自然生态环境、农业环境以及城市生态环境。自然生态环境作为基石，是地球上最为原始、最为纯粹的生态系统，它孕育了万物，支撑着生命的延续与繁衍。农业环境则是在自然生态环境的基础上，经过人类长期耕作与改造而形成的半人工生态系统，它既是人类食物与资源的重要来源，也是自然界与人类文明相互作用的典范。至于城市生态环境，则几乎完全是人类智慧的结晶，是人类为了满足自身居住、工作、娱乐等需求而创建的复杂社会空间，它集中体现了人类文明的进步与发展，同时也面临着诸多生态挑战。

在生态保护工作中，首要且关键的任务是保护自然生态环境，这是维护地球生态平衡、保障生物多样性、促进可持续发展的基石。同时，我们也不能忽视对农业环境的保护，因为农业环境的健康直接关系食品安全、农村发展以及农民的生计。此外，随着城市化进程的加速，城市生态环境的保护也日益成为生态保护工作的重要组成部分，它关乎城市居民的生活质量、城市的可持续发展以及人类与自然和谐共生的美好愿景。

二、自然生态环境的组成和结构

（一）组成

1. 物质与能量构成

自然生态环境，作为地球漫长演化历程的结晶，主要由两大核心要素构成：非生物因子与生物因子。非生物因子广泛涵盖了阳光、空气、岩石、矿物、土壤、河流、湖泊、湿地、地下水及海洋等自然要素，它们共同构建了岩石圈、大气圈与水圈的坚实基础。而生物因子，则涵盖了地球上丰富多彩的生命形态——植物、动物与微生物，它们相互作用，共同编织成生物圈的复杂网络。

2. 化学元素组成

深入地球表层的生态环境，我们会发现其化学组成的奥秘。在地球表层中，氧、硅、铝、铁、钙、钠、钾、镁、氢、钛这十种元素占据了绝对的主导地位，它们的总含量超过了99%。相比之下，余下的元素总占比微不足道，仅占据不到1%。尤为引人注目的是，这一元素分布比例与人体内部的化学元素构成之间存在着显著的相似性，揭示了自然界与人类生命之间深刻而微妙的联系。

（二）结构

1. 岩石圈

岩石圈，作为地球构造的坚固外壳，涵盖了地壳及其上覆的部分上地幔。地壳，平均厚度约为17千米，内部层次分明，包括花岗岩层、玄武岩层及橄榄岩层。岩石圈由多样化的岩石构成，主要分为岩浆岩、沉积岩与变质岩三大类。这些岩石在经历日晒、风吹、雨淋、水流冲刷及冰冻等自然力的物理与化学风化后，逐渐破碎分解，并经由生物作用进一步转化为土壤覆盖层，为生态系统的繁荣奠定了基础。

2. 大气圈

大气圈，这一环绕地球表面的广阔气体层，其厚度延伸至数千千米之外。大气结构层次分明，由对流层、平流层、中间层及逸散层组成。在平流层之下，一层薄薄的臭氧层如同地球的天然屏障，有效抵御了太阳紫外线对生命的侵害，被誉为"生命之伞"。大气圈主要由氮气和氧气组成，同时含有微量的二氧化碳及变化不定的水蒸气。二氧化碳虽含量少，却对地球具有显著的保温作用，防止了地表热量的过快散失。而水蒸气，则是云雾雨雪的源泉，对地球的水循环与能量交换起着至关重要的作用。大气圈的形成与演化，与岩石圈、水圈、生物圈紧密相连，相互影响，共同塑造着地球的生态环境。

3. 水圈

水圈，汇聚了地球表层所有形态的水体，总量高达14亿立方千米，覆盖了地球表面约72%的面积，其中海洋占据了地球表面约71%，是水圈的主体。在水圈中，海洋占据了约97%的水量，而陆地水仅占约3%，且大部分以两极冰盖的形式存在。水圈的运动与循环，不仅驱动着自然界中物质与能量的交换，还深刻影响着地球表层的自然生态环境，对生物的形成与发展具有不可估量的价值。

4. 生物圈

生物圈，作为地球表层生命活动的广阔舞台，是所有有机体及其生存环境的总和。它是岩石圈、大气圈、水圈长期相互作用的产物，同时，生物圈中的生物体又以其独特的方式反作用于这些圈层，影响着它们的组成与演化。生物圈以其高度的活跃性、敏感性及脆弱性，成为了生态环境变化的"风向标"。一旦生态环境遭受破坏，生物圈往往是最先受影响的部分，而其受损也将进一步加剧整个生态系统的失衡。因此，保护生物圈，就是保护我们共同的家园。

三、自然生态环境的特点

（一）整体性

自然生态环境，一个复杂而精妙的系统，其各组成部分虽纷繁多样，却紧密交织成统一、有机的整体。这一整体中，各部分相互依存，又相互制约，任何细微的变动都可能引发连锁反应。

追溯自然生态环境的演化历程，我们可以清晰地看到，某些关键组成部分的诞生为其他部分的出现奠定了基础。例如，岩石圈的形成与演化，不仅塑造了地球的坚实基础，还孕育了地球最初的原始大气圈。随后，岩石圈与原始大气圈的相互作用，又催生了最早的水圈。而岩石圈、大气圈、水圈这三者的长期协同作用，最终促成了生物圈的诞生，使得地球生机勃勃。

在这个复杂的生态系统中，各组成部分之间存在着深刻而广泛的相互影响和作用。生物圈的形成与演化，不仅极大地改变了大气圈和水圈的面貌，使其更加适合生命的存续与发展；同时，水圈作为地球上水循环的核心，也对大气圈和岩石圈产生了深远的影响。而大气圈，则以其独特的方式，如气候调节、物质循环等，对岩石圈起着不可忽视的作用。

更为重要的是，自然生态环境的各组成部分之间，通过物质流和能量流的不断交换与传递，形成了紧密的联系与沟通。这种联系使得岩石圈中融入了空气、水和生物；大气圈中则携带着矿物质、水汽和生物的痕迹；水圈则成为矿物质、空气与生物共存的场所；而生物圈，则更是离不开岩石圈、大气圈和水圈的支持与滋养。土壤，这一自然界的瑰宝，正是岩石圈、大气圈、水圈与生物圈长期相互作用、渗透与融合的结晶。

（二）区域性

地球，这颗围绕太阳旋转的星球，其表层的自然生态环境因纬度、海陆位置、地形地貌及地质条件的千差万别，而展现出丰富多彩的生态条件，进而形成了生态环境的区域分异现象，即自然生态环境的区域性特征。

首先，纬度位置的不同，直接导致了光热资源的差异，进而划分出热带、亚热带、暖温带、温带及寒带等各具特色的自然区域。这些自然区域在气候、植被、动物群落等方面均展现出显著的不同，形成了独特的自然景观。

其次，大气环流与海陆位置的差异，则主要影响了水分的分布，带来了降水与水蒸发量的变化，使得地表形成了湿润区、半湿润区、半干旱区及干旱区等多样化的自然区域。这些区域在土壤、植被、水资源等方面各具特色，对农业生产、生态保护等产生了深远影响。

再次，地形地貌的多样性也是导致生态环境区域分异的重要因素。山地地区，由于海拔高度的变化，光、热、水等自然要素均产生了显著的垂直分异，形成了山地垂直地带性区域分异。此外，山地的阳坡与阴坡、迎风坡与背风坡等也进一步加剧了生态环境的区域分异。

最后，地质条件的不同对生态环境产生了重要影响。岩石性质的差异，不仅塑造了多样化的地貌景观，还影响了土壤的形成与分布，进而带来了不同的旅游风光与植被作物。而地质构造的复杂性，如火山、温泉、地下热水等地质现象的出现，更是为地球增添了独特的自然景观与生态资源。

（三）开放性

地球表层的自然生态环境，作为一个宏大的开放系统，时刻在与宇宙空间及地球内部进行着物质与能量的动态流动与交换。这一过程不仅体现了自然界的循环不息，也深刻影响着地球生态环境的演化与变迁。

从宇宙空间的角度来看，源源不断的太阳光能穿透大气层，为地球表层带来了光明与温暖，驱动着生物圈的光合作用与各种生物活动。同时，宇宙射线虽大部分被地球磁场和大气层阻挡在外，但仍有少量穿透，对地球生态环境产生着微妙的影响。此外，偶尔有陨石穿越宇宙空间，进入地球大气层，其中少数甚至能直接抵达地表，为地球增添了独特的地质遗迹。

而地球内部，则是一个蕴藏着巨大能量的宝库。地震，作为地球内部应力释放的一种形式，虽然常伴随着灾难，但也向地表传递着地球深处的能量信息。更为壮观的火山喷发，则是地球内部能量释放的直观表现。火山活动不仅向地表喷出大量火山物质，如火山气体、火山灰、火山熔岩等，这些物质对地表生态环境产生着深远的影响，还促进了大气、水圈及岩石圈的相互作用与演化。火山灰中的矿物质能够滋养土壤，促进植被生长；火山气体则可能改变大气成分，影响气候变化。

四、生态系统服务与生态力

（一）生态系统服务与全球生态系统服务价值

生态系统服务的分类超越了传统经济学的服务范畴，其独特之处在于大部分服务并不直接参与市场交易，且难以通过市场机制获得充分的补偿。基于这一特性，我们可以将生态系统服务划分为两大类别：生态系统产品与生态支持系统。

1. 生态系统产品

生态系统产品源自自然生态系统，直接为人类提供具有经济价值的物品或服务。这些产品包括但不限于食品、医用药材、工业加工原料、能源来源（如木材作为动力工具）、自然景观资源（促进旅游业发展）以及休闲娱乐材料等。其中，部分产品已经是市场交易的常规对象，而另一些则虽非直接交易，但易于通过市场机制找到合理的补偿方式，如通过生态旅游、绿色标签等方式实现其价值。

2. 生态支持系统

生态支持系统功能广泛而深远，它们主要维护着地球生态系统的健康与稳定，包括但不限于固定二氧化碳以缓解温室效应、稳定大气成分、调节全球气候、提供对自然灾害的缓冲作用、调节水文循环与水资源供给、保护水土资源、促进土壤肥力、维持营养元素循环、处理废弃物、促进生物多样性（如传授花粉、生物控制）、提供生物栖息地、探索新食物与原材料来源、作为遗传资源宝库，以及满足人类休闲娱乐、科学研究、教育启发、美学欣赏和艺术创作等多方面需求。

生态支持系统的功能具备以下显著特点：

外部经济效益：其效益往往惠及全社会乃至全球，而非局限于特定个体或群体。

公共商品属性：由于无法被单一主体独占使用，因此具有非排他性和非竞争性，是典型的公共商品。

非市场行为：多数生态支持系统功能难以直接通过市场机制定价和交易，不属于典型的市场经济行为范畴。

社会资本属性：它们构成了人类社会可持续发展的基础，是自然赋予的宝贵社会资本，对于维护生态平衡、促进经济繁荣具有重要意义。

（二）生态力概述

生态力，作为衡量生态系统服务能力的关键指标，深刻反映了自然生态系统对人类社会的支撑与贡献。以下是对生态力评价及其定量评价方法的深入探讨。

1. 生态力评价及其重要性

生态力评价，是运用生态经济学的核心理论与方法，对自然环境所蕴含的生态服务能力进行定量与定性相结合的评估过程。这一评价过程不仅关乎对自然生态价值的科学认知，更承载着深远的社会与经济意义：

提升生态意识：通过量化生态服务的价值，增强公众对自然生态系统重要性的认识。

推动商品观念转型：促使人们从单一的经济商品视角转向包含生态价值的综合视角。

指导生态资源定价：为制定科学合理的生态资源价格体系提供理论依据。

融入国民经济核算：推动将生态环境因素纳入国家经济核算体系，全面反映经济发展质量。

优化环保措施评价：为环保政策的制定与实施提供生态效果的量化评估标准。

支撑生态建设规划：为生态环境功能区划和生态建设规划提供坚实的数据基础。

促进可持续发展：助力区域、国家乃至全球层面实现经济、社会与环境的协调可持续发展。

2. 生态力的定量评价方法

为准确评估生态力，可采用以下三大类定量评价方法：

能值分析法：该方法基于太阳能值的概念，通过计算生态系统在提供服务或产品过程中直接或间接消耗的太阳能总量，来评估其生态服务价值。这种方法有助于从能量流动的角度揭示生态系统的内在价值。

物质量评价法：从实物量的角度出发，直接对生态系统提供的各项服务进行量化分析。这种方法直观易懂，能够清晰地展示生态系统在物质层面的贡献。

价值量评价法：进一步将生态服务转化为货币价值量，以便进行更广泛的经济比较与决策分析。具体方法包括但不限于市场价值法（针对可直接交易的服务）、机会成本法（评估因保护生态而放弃的经济活动价值）、影子价格法与影子工程法（模拟市场条件下的生态服务价值）、费用分析法（计算保护或恢复生态所需的成本）、人力资费法（评估生态服务对人类劳动时间的替代价值）、资产价值法（基于生态环境变化对资产价值的影响评估）、旅行费用法（估算游客为享受生态服务而支付的费用）以及条件价值法（通过问卷调查等方式获取公众对生态服务的支付意愿）。这些方法各有侧重，共同构成了全面评估生态服务价值的工具箱。

（三）生态力与可持续发展综合国力

1. 综合国力

综合国力是指一个主权国家赖以生存与发展的全部实力与国际影响力的合力，其内涵非常丰富，是一个国家政治、经济、科技、教育、文化、国防、外交、资源、民族意志、国家凝聚力等要素有机关联和相互作用的综合性整体。

2. 可持续发展综合国力及其意义

可持续发展综合国力，是衡量一个国家在追求长期、稳定、和谐发展过程中所展现出的综合实力。这一概念深刻融合了经济能力、科技创新能力、社会发展能力、政府调控效能以及生态系统服务能力等多个维度，全面体现了国家在实现可持续发展目标上的综合能力。

研究可持续发展综合国力，不仅要求对当前国家的政治、经济、社会状况进行深入剖析，更需密切关注并预测生态系统服务能力这一关键要素的变化趋势，因为它是支撑国家经济社会长远发展的基石。这一分析过程，基于可持续发展的战略理念、实施条件、运行机制及基本准则，旨在全面对比各国在可持续发展综合国力各构成要素上的表现，评估各要素对整体国力的贡献，进而识别差距、提出策略，以持续增强国家的综合实力，确保其符合可持续发展的总体战略方向。

从可持续发展的视角重新审视综合国力，意味着我们需要更新观念，重新界定综合国力的作用、评价标准及实现路径。可持续发展的价值导向在于，国家在维护生态系统可持续性的前提下，追求社会效益与生态效益的双重增长，以此推动国家向更加绿色、健康、可持续的未来迈进。在这一框架下，科技创新被视为提升可持续发展综合国力的核心驱动力；生态系统的可持续性则是这一切的根基所在；经济系统的稳健运行提供了必要的物质基础；而社会系统的不断进步，则是确保上述目标得以实现的重要屏障。

3. 可持续发展综合国力的组成

可持续发展综合国力由经济力、科技力、军事力、社会发展程度、生态力、政府调控力、外交力共 7 个领域的能力组成。

4. 生态力在可持续发展综合国力中的地位和作用

生态力在可持续发展综合国力中占有重要地位，有十分重要的作用，而且这种地位和作用是不可替代的。

第二节　生态承载力与生态破坏

一、生态承载力与生态占用

（一）生态承载力

生态承载力，亦称环境承载力，它是在特定时间与具体条件下，某一区域自然环境所能容纳的人类活动强度的最大界限。这一界限反映了环境系统对人类活动的耐受力，是维持生态平衡与环境健康的关键指标。

人类活动，无论是生产、生活还是开发行为，都会对环境产生或正面或负面的影响。尽管存在促进环境保护和生态恢复的活动，但总体来看，当前人类活动对环境造成的负面影响更为显著。这些负面影响可能源于资源过度开采、污染物排放、生物多样性丧失等多个方面。

当人类活动的强度或方式超出了环境的承载能力时，环境系统便无法再有效调节和恢复，进而引发一系列环境问题，如环境污染和生态破坏。环境污染涉及空气、水体、土壤的污染，它们不仅威胁人类健康，还破坏生态平衡；生态破坏则包括生物多样性减少、生态系统功能退化等现象，长远来看将严重制约经济社会的可持续发展。

因此，合理评估并尊重生态承载力，采取有效措施控制人类活动对环境的不利影响，是实现可持续发展目标的关键所在。这要求我们在经济社会发展中融入生态文明理念，推动形成绿色发展方式和生活方式，确保人类活动与自然环境的和谐共生。

（二）生态占用

1. 概念

生态占用这一概念，指的是能够持续供给资源或有效吸纳废弃物的、具备生物生产力的地理空间。其应用范围广泛，可根据研究需要划分为个人、区域、国家或全球等不同层次。其核心意义在于，它量化了维持特定个体、地区、国家乃至全球生态系统平衡所需的最小生物生产力地域面积，或是这些单位能够安全容纳其排放废物的最大能力。

通过将每个人消耗的资源统一折算为全球标准化的、具有生态生产力的地域面积，生态占用提供了一个易于比较的国际通用度量标准。这一标准不仅考虑了地域间的差异性，还确保了评估结果的一致性和可比性。

当某一区域的实际生态占用超出其本地生态系统所能提供的承载能力时，便出现了生态赤字现象；反之，若实际占用低于本地供给，则表现为生态盈余。生态赤字与生态盈余之间的差值，直观反映了区域对全球生态环境的实际影响：生态赤字表明该区域对全球生态环境造成了额外负担，而生态盈余则表明其对环境有一定的正面贡献或储备。这一差值不仅是衡量区域可持续发展状态的重要指标，也是制定环境保护政策和区域发展规划的重要依据。

2. 基本理论与核算

生态占用分析建立在两大基石之上：一是我们能够精确地追踪资源的消耗轨迹与废物的排放去向，明确其生产源头与最终消纳区域；二是随着全球化和国际贸易的深化，尽管这一过程需要深入的科学研究作为支撑，但追踪资源及废物的具体地理位置已成为可能。在多数情况下，资源流动与废物流动能够被有效转化为相应的、具有生物生产力的陆地或水域面积，这些面积提供了资源或承担着废物的消纳功能。

针对区域或国家的生态占用核算，基本步骤概述如下：

（1）资源消耗与废物消纳的追踪与折算

首先，我们需详细记录并分析区域内的资源消耗情况，将各类消费活动转化为具体的资源消耗量。随后，我们依据不同区域的生态生产能力及废物处理能力，将这些资源消耗量和废物排放量进一步折算为具有生态生产力的不同生态系统类型面积，主要包括耕地、草地、化石能源用地、森林、建筑用地及海洋等六大类。

（2）产量调整因子的应用

鉴于各国或地区间资源禀赋与生态生产力的显著差异，为确保区域间比较的准确性，需引入产量调整因子。该因子通过比较所核算区域的单位面积生物生产力与全球平均生物生产力得出，用于调整该区域的生物生产力，从而实现跨区域间的公平比较。

（3）等量化处理

鉴于不同类型生态系统的生产力存在差异，为统一度量标准，需对各类型生态系统面积进行等量化处理。这一步骤涉及将各类生态系统面积乘以相应的等量化因子，该因子基于不同类型生态系统单位面积生物生产量的比较得出。通过等量化处理，能够将各类生态系统的生产潜力标准化，确保生态占用核算的一致性和可比性。每种生态系统类型的等量化因子依据其单位空间面积的相对生物量产量确定，从而全面、准确地反映区域或国家的生态占用状况。

二、生态破坏

（一）工业社会前的生态破坏

1. 原始社会

在原始社会时期，人类尚处于石器时代，主要依赖手工制作的石器作为生产工具，过着以采集天然食物和狩猎为主要生计方式的生活。这种生活方式直接依赖于自然界的生物资源。然而，随着人口的增长和对资源需求的增加，人类活动所需资源逐渐超出了自然环境的承载能力，对生物资源造成了前所未有的压力。

过度的采集活动导致许多植物种群数量锐减，而频繁的狩猎则使得动物种群面临生存危机，部分物种因过度捕杀而数量急剧下降，甚至最终灭绝。科学研究表明，地质历史中记录的众多动植物种类，正是在这一时期遭受了毁灭性的打击，许多物种永远地消失在了地球的历史长河中。

这一现象标志着人类活动对自然环境造成的首次重大冲击——生物危机。这一危机不仅深刻改变了自然界的生态平衡，更长期地威胁着原始社会中人类的生存和发展。原始社会的人类不得不面对食物来源减少、生存空间受限等严峻挑战，这些挑战迫使他们不断适应环境，寻找新的生存策略。生物危机的教训深刻提醒我们，人类与自然环境的和谐共生至关重要，过度索取终将反噬自身。

2. 农业社会

在长达数千年的农业社会中，人类凭借农耕与畜牧活动显著提升了生产力，确保了稳定的食物供应，进而推动了农业与手工业的专业化分工，脑力与体力劳动的明确界限，孕育了辉煌的古代文明。然而，这一文明进步的背后，却隐藏着对土地资源的过度开发与不合理利用，导致了严重的生态破坏。

古埃及，这一拥有几千年历史的古老文明，曾以金字塔、宫殿和神庙闻名于世。但其文明的辉煌背后，是对森林的大肆砍伐以满足耕地扩张和能源需求，最终导致土地沙化，大量国土沦为沙漠，农业基础崩溃，文明也随之衰落。

同样，古代美索不达米亚平原，两河流域的肥沃之地，孕育了灿烂的文明。然而，由于盲目扩大农田和破坏植被，该地区遭遇了严重的水土流失、沙漠化和盐碱化，自然环境的恶化直接导致了其文明的衰退，昔日肥沃的平原最终变为荒芜之地。

古希腊，以其哲学思想、民主制度影响深远。但在追求耕地扩张的过程中，森林被大量砍伐，导致水土流失，宝贵的土地资源丧失，文明之光逐渐黯淡。柏拉图在《柏拉图对话录》中的描述，生动揭示了古希腊土地退化的惨痛现实。

横跨欧亚非的古罗马帝国，其辉煌亦未能逃脱生态破坏的宿命。亚平宁半岛和西西里岛的水土流失，迫使其依赖北非的粮食供应，而北非的土地开垦又加剧了那里的生态危机，最终导致罗马帝国经济的支柱动摇，为外族入侵提供了可乘之机，文明之火黯然熄灭。

古印度文明，发源于肥沃的印度河流域，但同样因农耕扩张、森林砍伐、植被破坏而面临水土流失、洪水泛滥、气候干燥、土地沙化等一系列生态问题，昔日的文明摇篮最终变成了广袤的沙漠。

这些历史案例无一不在警示我们：文明的兴衰与自然环境的健康息息相关。不合理的开发利用终将带来不可逆转的生态灾难，进而威胁到文明的存续。因此，珍惜自然资源，维护生态平衡，是人类社会可持续发展的必由之路。

（二）我国

我国作为拥有悠久历史的文明古国，其农耕文明可追溯至几万年前，是世界上少数几个能够持续繁荣至今的古老文明之一。这一非凡成就的背后，蕴含着我国独特的农耕智慧与宝贵的生态管理经验。

我国古代农耕制度以精耕细作为核心，强调灌溉与施肥的重要性，通过家庭为单位的小农经济模式，实现了男耕女织的和谐共生。尤为重要的是，我国古人巧妙地将种植业与养殖业相结合，构建了一个高效的农业生态系统，促进了物质与能量的良性循环，有效保护了土地资源，使之得以延续数千年而不衰。这种生态农业的实践，不仅提高了农业生产效率，还维护了生态平衡，为我国文明的持续发展奠定了坚实基础。

然而，历史的车轮滚滚向前，但前进的方向并非总是一帆风顺的。在我国这片广袤的土地上，也存在着不合理农耕导致的生态悲剧。过度的开垦、破坏植被、忽视水土保持，使得某些地区面临严重的水土流失、土地沙化及盐碱化问题。加之历史上频繁的战乱，更是对生态环境造成了不可逆转的损害。这些沉痛的教训提醒我们，任何发展都不能以牺牲环境为代价，否则终将自食其果。

因此，我国古代农耕文明的成功与挫折，为我们提供了宝贵的经验与深刻的教训。在追求现代化的今天，我们更应汲取古人的智慧，坚持可持续发展理念，尊重自然规律，科学合理地利用土地资源，努力构建人与自然和谐共生的美好未来。

1. 我国古代生态破坏与文明中心的迁移

我国古代文明以其多元化的特征而著称，但在秦汉之前，其核心区域主要集中于黄河中游，这里得益于宜人的气候、肥沃的土地以及独特的森林草原生态系统，成为当时我国最主要的农业中心。然而，随着历史的推进，特别是秦汉时期对北部草原的大规模开垦，这一地区的生态环境遭受了前所未有的破坏。草原逐渐沙化，黄土高原则面临着严重的水土流失，这些变化不仅削弱了黄河中游的农业基础，也标志着该区域作为农业中心的地位开始动摇。

到了东汉时期，黄河中游的水土流失问题已十分严峻，黄河因泥沙含量激增而呈现出浑黄的特征，农业生产因此遭受重创，京城也因此从长安东迁至洛阳，试图寻找更为稳定的生存环境。然而，由于上游的水土流失，黄河下游河道淤积严重，洪水频发，进一步威胁下游的农业生产安全。这一系列连锁反应不仅导致了东汉国势的衰弱，也深刻地反映了农业生态恶化对古代社会经济发展的深远影响。

随着魏晋南北朝时期的到来，生态恶化和农业衰退加剧了社会矛盾，农民起义频发，北方游牧民族南迁，中原人口也随之大量南移，为长江流域的开发注入了新的活力。这一过程不仅促进了南北文化的交流与融合，也推动了长江流域经济的快速崛起。至隋唐时期，长江流域的经济已显著发展，并逐渐超越北方，成为国家经济的新支柱。此后，历代王朝均致力于加强南北经济联系，如修筑大运河等工程，确保了南方粮食和物资能够顺畅北运，支撑起庞大的国家机器。

回顾历史，我国古代生态破坏与文明中心迁移的教训深刻而警醒。它告诉我们，经济发展不能以牺牲生态环境为代价，人与自然的和谐共生才是可持续发展的根本之道。同时，这一历程也展示了中华民族面对挑战时的坚韧与智慧，通过不断的迁徙与融合，不仅克服了自然环境的限制，更推动了中华文明的繁荣与发展。

2. 我国古代生态破坏使长城位置移动

在战国时期，各国出于防御需求，纷纷修筑了长城，这些分散的长城在秦始皇统一六国后被连接整合，形成了举世闻名的"万里长城"。西汉时期，为进一步巩固边防，对秦长城进行了加固与延长，其主体沿阴山一线蜿蜒伸展。然而，这一时期的北方农耕活动也随之大规模扩张，过度开垦导致草原逐渐沙化，乌兰布和等沙漠便是在这一过程中形成的。

进入隋唐时期，北方地区的农田继续扩大，但随之而来的是更为严重的水土流失和沙漠化问题，毛乌素等沙漠的出现便是这一时期的悲剧性产物。而在河西走廊，为了发展灌溉农业，人们砍伐山区森林，开垦绿洲草原，这一行为直接导致了生态环境的急剧恶化，土地失去了植被的保护，迅速沙化。历史遗迹如楼兰古城、隋唐时期的黑城以及敦煌石窟，都因生态环境的恶化而遭受了不同程度的破坏，有的甚至被沙漠完全吞噬。

明代时期，鉴于前朝的经验教训，长城的修筑位置较秦汉时期有了显著南移，达五百多千米，同时在西部也有所东退，退缩距离超过七百千米。这一调整反映了当时人们对生态环境变化的深刻认识与应对。然而，即便如此，明代以后，长城沿线的生态环境仍在持续恶化，土地沙化问题日益严峻，以至于部分明长城也已被荒沙所包围。

这一系列历史事件深刻揭示了人类活动对自然环境的影响及其长远后果。过度开发、忽视生态保护的行为最终将导致生态平衡的破坏和自然资源的枯竭。因此，我们应当从历史中汲取教训，坚持可持续发展理念，注重生态保护与修复工作，以确保人类社会的长远发展。

第三节 生态安全

一、生态安全的概念

生态安全的概念可以从两个维度进行阐述：狭义与广义。

从狭义维度来看，生态安全聚焦于自然及半自然生态系统的自身状况，强调其完整性与健康状况。这一理解下，生态安全直接关联生态系统是否保持其原有的结构和功能，以及其在面对外界压力时能否维持稳定与平衡。

而广义的生态安全概念则更为宽泛，它不仅涵盖了自然生态系统的安全，还进一步扩展到人类社会领域。在这一理解下，生态安全不仅要求自然环境的健康与稳定，更要求人类的生活品质、健康状态、基本权益、生活保障、资源获取、社会秩序以及适应环境变化的能力均不受到威胁。具体而言，广义的生态安全包括了自然生态安全、经济生态安全以及社会生态安全三个层面，这三个层面相互关联、相互影响，共同构成了生态安全的完整框架。

通过这样的区分与阐述，我们可以更加全面、深入地理解生态安全的概念及其重要意义。

二、生态安全的地位

生态安全，作为经济与政治安全的基石，对人类社会的整体安全具有至关重要的意义。然而，由于生态安全问题的复杂性和隐蔽性，它在很长一段时间内并未得到应有的重视。人们往往更倾向于关注政治、经济和信息层面的安全，却对生态安全这一关乎生存根本的议题视而不见。这种忽视主要源于两大原因：一是社会整体对生态安全的认识尚显模糊，缺乏明确的生态安全意识；二是将生态安全简单地等同于环境治理或环境保护，未能深刻理解其内在含义和深远影响。

人类作为社会性的生物，其生活离不开群体的支持，但同样不可忽视的是，我们更是自然界的一部分，生活在浩瀚的生态体系之中。作为自然界长期演化的结果，人类与自然之间存在着不可分割的发生学联系。自然环境，作为人类社会存在和发展的基石，其重要性不言而喻。没有健康稳定的自然环境，人类的生存将难以为继，更遑论发展。

自然界的生态系统为我们提供了赖以生存和发展的物质基础，包括清洁的水源、清新的空气、广袤的土地、丰富的生物和矿产资源，以及多种形式的能源。它们不仅满足了我们的基本生活需求，还为我们提供了进行生产活动的可能。同时，生态系统还承担着分解、吸收和转化人类活动产生的废弃物的重任，其自我恢复能力在维护环境平衡方面发挥着至关重要的作用。因此，生态安全是人类和其他生命赖以生存的最深层次的安全，其重要性无可替代。

生态安全的重大意义体现在多个方面。首先，它直接关系人类的生命健康和安全。一旦发生环境危机或生态灾难，将对人类造成不可估量的损失和伤害。例如，环境污染可能导致物种变异或灭绝，进而威胁人类的生命安全和健康。其次，社会经济的持续发展也离不开稳定生态环境的支持。生产活动所需的物质能量主要源于生态环境，而生态环境的承载能力是有限的。因此，我们必须确保生产活动在生态环境的承载能力范围内进行，以实现可持续发展。此外，随着社会的进步和人们生活水平的提高，人们对良好生态环境的需求也日益增长。生态环境的状况也成为衡量一个地区或国家发展水平的重要指标之一。

如今，越来越多的人开始意识到无节制地开发和利用自然资源对生态系统造成的破坏以及生态环境恶化对人类健康和生存的威胁。因此，加强生态安全建设、保护生态环境已经成为全社会的共识和行动方向。

生态安全，这一议题，其深远意义远超单一民族国家或地区的范畴，它是全人类共同面临的挑战与责任。生态安全问题的普遍性和全球性，使之成了一个不可忽视的世界性议题。从全球变暖到臭氧层破坏，从酸雨肆虐到水资源污染，从土地退化到森林植被的惨遭破坏，再到生物多样性的急剧降低以及有毒有害物质的跨境污染，这些日益严峻的全球生态危机，无不警醒着我们：生态安全已成为亟待全人类携手应对的紧迫任务。

面对这些挑战，我们深刻认识到，生态安全问题的解决远非任何单一民族国家所能独立承担。它需要的是全球范围内的合作与协作，是各国政府、国际组织、非政府机构以及每一个个体的共同努力。因为，生态环境的恶化不会因国界而止步，它影响的是全人类的共同福祉与未来。

因此，生态安全在某种程度上，已经超越了传统意义上的政治、经济与军事安全，成了人类安全体系中最为基础且重要的一环。它不仅是其他类型安全的基石，更是保障人类社会持续发展、维护全球和平与稳定的关键因素。同时，我们也应明确，政治、经济与军事安全同样为生态安全提供了必要的支持与保障，它们之间是相互依存、相互促进的关系。

综上所述，生态安全问题的解决需要全球共识与行动，需要我们在尊重彼此利益与关切的基础上，加强合作与沟通，共同探索可持续发展的道路。只有这样，我们才能有效应对全球生态危机，为子孙后代留下一个更加美好、宜居的地球家园。

三、生态学语境下生态安全的基本内涵

在探讨环境破坏的生态学根源时，芝加哥大学社会学家帕克及其团队的观点具有不可忽视的里程碑意义。帕克等人深刻洞察到，人类通过城市扩张和工业污染等手段对自然环境的干预，不仅割裂了物种间错综复杂的联系网络，更打破了自然界的微妙平衡——"生物平衡"。这一视角揭示了商业活动如何日益侵蚀古老自然秩序所依赖的隔离状态，进而加剧了人类的生存竞争。

　　然而，尽管人类活动对生态的深远影响不容忽视，生态学作为一门自然科学，其核心研究仍聚焦于"外在于人"的自然界动态。在生态学的语境下，生态安全被视作自然条件和自然资源状态的直观反映，它紧密关联着人类赖以生存与发展的整个生态系统状况。这里，自然条件的优劣与自然资源的丰瘠，共同构成了评估生态安全的基础框架。

　　生态学将"生态"概念界定为生物系统之外所有影响其生存与发展的外界条件的总和，这些条件涵盖了生物与非生物因素在内的广泛范畴。在生态安全的研究中，尽管其目的最终服务于人类的福祉，但研究重点依然聚焦于水、土、气及生物系统等自然存在物的总体状况，旨在维护整个地球生命支持系统的健康与稳定。

　　具体而言，生态安全的核心在于保障生态系统的平衡、自然界的和谐运动、环境容量的合理利用、自然净化能力的有效维持，以及整体自然环境的良好状态。这一概念涵盖了海洋、森林、草原、农田等生命要素，以及大气、水源、矿产资源等环境要素，共同构成了生态安全的多维评价体系。

　　生态安全的科学内涵深刻而广泛，它包括四个方面：一是生态系统结构、功能和过程对外界干扰的抵抗力与稳定性（刚性）；二是生态系统在受损后自我恢复与重建平衡的能力（弹性）；三是生态系统开拓新生态位、与外部环境协同进化的潜力（开拓进化性）；四是生态系统内部自我调节与自我组织的高度复杂性（自组织性）。这四个方面相互交织、共同作用，构成了生态安全坚实的科学基础。

　　生态学，作为研究生物体与其环境间复杂关系的科学，其核心聚焦于生态系统的物质、能量与信息的动态转换与交换，即生态系统的整体状态。基于这一视角，生态安全的概念被细化为三个层次：地方、国家与国际生态安全。地方生态安全关乎一国之内特定区域的生态环境健康；国家生态安全则上升至国家层面，考量生态环境对国民生计与国家发展的潜在威胁；而国际生态安全则跨越国界，涉及双边、多边乃至全球性的生态影响与责任。然而，鉴于生态环境的内在关联性与现代社会活动的跨界性，这三个层次的安全问题往往交织在一起，难以分割。唯有全面保障生态安全，方能有效缓解乃至消除地区间、国家间乃至全球范围内的生态冲突，为人类的文明传承奠定坚实基础。

　　与生态安全的范围划分相呼应，其内涵亦可划分为三个层次：首先，人的生命与健康安全是生态安全最直观的体现，直接依赖生命系统与环境系统的双重稳定；其次，生命系统的安全，其根基在于环境系统的健康运作；最后，环境系统的安全，则建立在特定空间内各种自然因素（如空气、气候、阳光、地质、水文等）的和谐共存之上。由此可见，特定空间的安全构成了生态安全不可或缺的基石。

　　深入剖析生态学视角下的生态安全，不难发现其几大鲜明特点。

　　整体性：生态环境是一个紧密相连的整体，任何局部的破坏都可能引发连锁反应，危及更广泛的区域乃至整个生态系统。这种整体性不仅体现在生物与环境之间的多样性统一，还跨越了地理界限，使得不同区域、国家之间的生态安全相互依存、相互影响。

　　不可逆性：生态系统的脆弱性远超人们想象，其内部平衡一旦遭受外界干扰超过自身恢复能力，便可能陷入崩溃，导致不可逆转的后果。这种稳定性是自然界长期演化的结果，人类难以通过人工手段完全替代或恢复。

滞后性：生态系统的变化往往具有时间延迟效应，许多严重的生态后果并不会立即显现，而是需要经过较长时间才逐渐暴露出来。这种滞后性使得人们往往难以及时察觉并评估生态破坏的真实影响。

长期性：生态系统的修复与恢复是一个漫长而复杂的过程，即便是相对简单的生态系统也需要大量时间才能恢复原有状态。同时，生态破坏所带来的恶果也具有长期性，可能持续影响几代人的生存环境。

隐匿性：无论是生态系统的积极作用还是其遭受破坏后的负面影响，都具有不易察觉的特点。良好的生态环境常常被人们视为理所当然，而生态危机则往往在悄无声息中酝酿，直至爆发时才引起人们的警觉。

第二章

生态保护的优先原则

第一节　生态保护的开端

一、资源不合理利用带来生态安全危机

环境资源的自然生态性深刻体现在其整体性和系统性之中。生态系统，这一由环境资源、生物群落及非生物环境共同编织的复杂网络，各组分间紧密相连，彼此依存、相互作用、相互制约，共同维系着整体的和谐与稳定。每一组分，无论大小，都在系统中扮演着不可或缺的角色，其独特的功能与地位无可替代。一旦某一组分发生变化，无论是直接还是间接，都将在整个生态系统中引发连锁反应，影响深远。

然而，人类的生产与生活却在不经意间对环境资源生态系统造成了不容忽视的消极影响。这种影响如同双刃剑，既满足了人类的发展需求，又悄然埋下了生态危机的种子。随着环境问题的日益严峻，人类的健康与生存正面临着前所未有的挑战。

为了应对这一挑战，我们必须深入剖析环境资源生态危机的根源，制定科学合理的战略决策与治理措施。这要求我们不仅要关注生态系统的整体性与系统性，更要深刻理解不同环境资源生态系统的独特性质与脆弱性。只有这样，我们才能精准施策，有效缓解乃至逆转生态恶化的趋势。

在人类对生态环境的干预过程中，尤其需要警惕的是那些使用危险甚至致命物质的行为。这些物质一旦进入环境，便可能对空气、土壤、河流及海洋造成难以估量的污染与破坏。这种破坏往往是不可逆的，其后果将长期困扰着人类社会的发展。因此，我们必须采取更加严格的监管措施，减少乃至杜绝这类有害物质的排放与使用，共同守护我们赖以生存的地球家园。

经济增长的速度，曾一度被视为衡量社会进步与工作绩效的唯一"金标尺"，但这种发展模式实则是一种粗放型、掠夺式的经济增长模式。它追求高能耗、高消耗，以牺牲生态环境为代价，换取短期的经济繁荣与奢侈消费。然而，这种非持续的发展方式违背了自然生态的发展规律，导致了一系列严重的生态环境问题：土地荒漠化蔓延、生物多样性锐减、水土流失加剧、雾霾天气频发……这些问题不仅威胁着人类的生存环境，更让人类的身心健康承受了巨大的压力。

面对这一严峻现实，人们开始深刻反思：经济增长绝不能以牺牲环境资源为代价。

可持续发展，这一科学的发展理念，逐渐成为共识。为了实现这一目标，我国从陆地到海洋，全面启动了生态环境保护的立法进程，旨在通过法律手段，为生态环境的保护与修复提供坚实的制度保障。

我国虽拥有辽阔的海域和丰富的海岛资源，但长期以来，海洋经济的发展并未得到应有的重视。随着改革开放的深入，内陆与沿海经济虽取得了显著成就，但粗放型增长模式的弊端也日益显现。陆地自然资源的过度开采与生态环境的持续恶化，迫使我们不得不将目光投向海洋，海岛资源的重要性随之凸显。然而，无居民海岛等海域资源的开发利用，同样面临着掠夺式开发、环境恶化等问题，海洋生态系统也面临着前所未有的压力。

更为严峻的是，自然资源国家所有权制度的不完善、管理缺失与多头管理等问题，进一步加剧了环境资源开发利用的无序状态。这种"无序、无度、无偿"的开发模式，不仅导致了环境资源的毁灭性破坏，还加速了生态系统整体功能的退化。尽管我国在环境资源保护领域已建立了较为完善的法律法规体系，但这些法规大多侧重于环境污染的末端治理，而忽视了对生态资源的源头保护。这种制度上的缺失，使得生态保护优先的理念难以得到有效落实。

因此，要从根本上遏制自然资源生态系统恶化的态势，就必须在制度层面进行深刻变革。我们需要进一步完善自然资源国家所有权制度，明确各级政府及相关部门的管理职责，建立健全的环境资源开发利用监管机制。同时，我们还应加强生态环境保护的法律法规建设，将生态保护优先的理念贯穿于立法、执法、司法等各个环节，为生态环境的可持续发展提供坚实的法律保障。

二、生态安全与经济安全不可分割

经济思想应当接受生态思想的约束与引导。传统的经济思维模式，根植于对个体无限欲望与效用最大化的追求，这种思维不仅导致了自然资源的枯竭与生态环境的恶化，更对人类社会的存续构成了严峻挑战。为了避免现代工业文明下的经济模式将我们推向生态崩溃的边缘，我们必须果断摒弃那种掠夺性、不可持续的粗放型增长方式，转而拥抱以生物资源和可再生资源为核心的生态经济模式。

生态经济模式的核心在于将经济发展与生态保护视为不可分割的统一体，强调经济发展必须建立在生态可持续性的坚实基础之上。它要求我们认识到，经济发展并非孤立存在，而是深深植根于生态环境之中，受到自然规律的严格制约。因此，在追求经济增长的同时，我们必须首先尊重并顺应自然生态的规律，而后才是遵循经济发展的逻辑，以此确保生态与经济的和谐共生与可持续发展。

在全球资源日益紧张、生态危机四伏的今天，生态安全已成为全球关注的焦点。生态安全不仅关乎人类生存与发展的物质基础——自然环境的健康与稳定，更直接影响经济安全的根基。它要求我们在经济发展过程中，始终将生态系统的保护与再生能力置于首位，确保资源环境的可持续利用，从而支撑经济的长远发展。

生态安全与经济安全之间存在着密不可分的关系。生态安全是经济可持续发展的基石，它为经济提供了良好的环境条件。当生态系统结构稳定、功能正常时，它能够为经济发展提供源源不断的生态资源支持，保障经济的稳定增长与安全。反之，若生态系统遭受破坏，其服务功能受损，不仅将直接威胁经济的可持续发展能力，还可能引发一系列社会经济问题，最终危及经济安全乃至社会稳定。

我们必须深刻认识到生态安全与经济安全的内在联系，将生态安全理念融入经济发展的全过程，通过政策引导、科技创新、公众参与等手段，共同推动形成绿色、低碳、循环的发展方式，实现经济安全与生态安全的双赢。

经济利益与生态利益的和谐统一，是现代社会可持续发展的核心议题。生态利益，作为生态价值的直接体现，不仅蕴含了生态系统的内在价值——生物利益，这是生命体固有且为满足自身生存而展现的价值，还包含了生态系统的工具价值——生态利益，这是生态系统为人类及其他生物提供生态资源与服务的外在表现，是支撑所有生命体存续与发展的基石。生态系统的整体价值则关乎整个生物圈的共同福祉，是超越单一物种、跨越时空界限的宏大利益格局。

在此背景下，人类的经济活动被赋予了新的使命与责任——将生态利益置于优先地位。这意味着，在追求经济利益的同时，我们必须时刻铭记，生态利益是人类生存与发展的前提与保障，它不仅仅关乎人类的短期生存需求，更深远地影响着地球生物多样性的维护与地球生态系统的平衡。因此，将生态利益置于经济发展决策的首位，是实现人与自然和谐共生的必由之路。

从生态系统整体性的高度审视，经济利益与生态利益的统一，是生态经济发展的内在逻辑与客观要求。生态经济强调经济发展必须在生态可承载范围内进行，这不仅要求我们对自然生产力有深刻的认识与科学的利用，同时也呼唤我们对社会生产力有全面把握，使两者协同作用，共同推动生态经济的稳健前行。

在此过程中，我们还需智慧地处理全局与局部、长远与眼前利益之间的矛盾。这意味着，在追求短期经济成果的同时，我们应具备前瞻性的视野，确保经济发展路径与生态系统的长期健康相协调；同时，在区域经济发展的实践中，我们应兼顾全国乃至全球生态利益的大局，避免局部利益最大化对整体生态造成不可逆的损害。

总之，经济利益与生态利益的和谐统一，是生态经济发展的核心要义，也是我们共同追求的理想境界。唯有如此，方能确保人类社会的可持续发展，让地球家园成为所有生命共同繁荣的乐园。

三、生态环境问题影响环境立法

不同的价值理论导向如同航海中的指南针，引领着社会实践的航向，而实践中的风浪与挑战，则如同海上的暗礁与波涛，不断考验着理论的韧性与准确性。地球生态环境的持续恶化，如同一场没有硝烟的战争，迫使人们深刻反思环境污染、资源枯竭和生态退化等问题的根源、影响及背后的理论逻辑。这场危机，不仅是对自然界的伤害，更是对传统法学理论和法律制度的严峻挑战，促使法学界不得不重新审视那些曾经被视为理所当然的主导价值观和利益观。

传统的道德伦理体系，宛如一面凸透镜，放大了人类的自我中心地位，将世界和自然视为服务于人类利益的舞台。这种以人类利益为绝对优先的方法论，如同一条无形的锁链，束缚了我们对自然和谐共生的想象与追求。由此构建的国家政策和法律规范，往往蕴含着对自然环境的控制与利用思维，忽略了自然界的内在价值与尊严。

然而，随着生态学和生态伦理学的蓬勃发展，以及生态环境问题对社会结构与秩序的深刻影响，人类开始挣脱旧有观念的桎梏，以一种全新的环境伦理视角审视自身与自然的关系。我们逐渐认识到，人类并非自然界的征服者，而是与万物共生共荣的伙伴。这种认知的转变，如同春风化雨，润物无声地滋养着环境立法的新理念——追求地球生态系统内各成员之间的和谐共存与共同发展。

因此，未来的环境立法，将不再仅仅是对污染行为的惩罚与规制，更是对人类与自然新型关系的法律确认与保护。它将融入更多生态科学的智慧，体现对自然内在价值的尊重与呵护，引导人类社会走向一条绿色、可持续的发展道路。这是一场深刻的法律变革，也是对人类智慧与勇气的考验。在这场变革中，我们每一个人都是行动者，共同书写着人类与自然和谐共生的新篇章。

第二节　生态保护优先原则的基础和内容

一、生态保护优先原则的多维度阐释

（一）生态学视角下的生态保护优先原则

基于生态学视角，对于生态保护优先的内涵，生态学家从多个角度对此进行了分析、阐释。与生态环境利益发生冲突时，其生态价值应优先考虑。

1. 生态系统的整体优先于系统内的个体

人类应当遵循自然界固有的发展规律，其中，"生态优先"原则强调生态系统的整体性高于其内部任何个体的存在。在地球这个宏大的生物共同体中，人类只是众多成员之一，共同维系着这一生态系统的完整与和谐。

生态系统的精妙之处，在于它通过复杂而精细的机制，促进了个体的适应与发展，同时限制那些不适应的存在。这种进化与成熟的标志，不仅体现在物种多样性的爆炸性增长——从最初的寥寥无几到如今的数百万种，更在于生物圈结构的日益复杂与功能的日益完善。在这一宏大的历史进程中，人类作为高级生物，逐渐在自然生态中崭露头角，站在了食物链的顶端，展现了主体性生命对客体性生命的超越与整合。

然而，人类的这一地位并非孤立存在，而是深深植根于生态系统的整体之中。每个生态共同体成员，无论大小强弱，都在以自己的方式维护着共同体的稳定与繁荣。这种相互依存、相互促进的关系，构成了生态系统独特的"优先性"——整体利益高于个体利益，共同体的健康与平衡是每个成员生存与发展的前提。

因此，作为地球生态共同体的一员，人类有责任也有义务遵循这一自然法则。我们应当认识到，自身的福祉与地球生态的健康息息相关，任何对自然的过度索取或破坏，最终都将反噬人类自身。唯有秉持敬畏之心，尊重自然、顺应自然、保护自然，才能实现人与自然的和谐共生，确保地球生态共同体的持续繁荣与发展。

2. 秉持生态优先原则去开发自然资源

生态优先原则，在探讨自然经济体系与社会经济体系之间关系时，明确指出了一个核心准则：社会经济活动在追求经济利益的同时，必须确保对自然生态系统的可持续利用，不得损害其整体恢复力与稳定性。这一原则要求我们在开发自然资源时，采取一种审慎而负责任的态度。

以生物资源的合理利用为例，实践生态优先原则意味着，在任何生物资源的开采活动之前，专家与生态学家需首先评估目标生态系统的稳定状态，特别是其中生物种群的自然平衡水平。在此基础上，他们需精确计算出在不破坏生态系统整体平衡的前提下，每年可安全进行的捕捞量、木材砍伐量或系统可承受的废弃物处理能力。这一过程强调了对生态系统精细理解与科学规划的重要性。

鉴于生物资源最大可持续利用量的高度不确定性，以及生态系统对异常干扰的敏感性，我们在利用新技术或新方法干预自然时，必须保持谨慎。任何对自然界的操作都应基于深入研究和充分论证，避免轻率行事带来的不可预测后果。

（二）法学视域下的生态保护优先原则

生态保护优先这一理念，在当前环境污染与生态破坏日益严峻的背景下，凝聚了广泛的人文关怀，其核心在于强调在经济社会发展进程中，当经济利益与生态利益发生冲突时，应毫不犹豫地选择保护生态利益。这一原则不仅与可持续发展的核心理念相契合，还进一步推动了经济发展与自然环境保护之间的和谐共生。

在法学领域，生态保护优先被提升为环境法的基本原则之一，体现了生态学原理在法律实践中的深度融合。它要求法律在调整经济增长与生态环境保护的关系时，明确赋予生态保护以优先地位，确保所有经济活动都在尊重自然规律、维护生态系统平衡的前提下进行。这一原则不仅涵盖了生态规律优先、生态资本优先和生态效益优先三大核心要素，还倡导建立一种以生态资本保值增值为基础的绿色经济模式，旨在实现生态、经济和社会三大效益的最大化，即绿色经济效益的最大化。

此外，生态保护优先还被一些学者诠释为"保持和保存原则"，这一解读进一步细化了生态保护的具体要求。在"保持"的层面，它强调自然环境要素应维持在可持续利用的状态，允许人类进行非开发性或非生产性利用；而在"保存"的层面，则更为严格地要求生态系统及自然、人文遗迹保持其原始状态，除科学研究外，一般性的利用行为均被严格限制。

另有学者将生态保护优先表述为"环境保护优先原则"，这一表述更加直接地体现了在环境管理活动中，保护环境应被置于首要考虑的地位。当生态利益与其他利益发生冲突时，环境保护的优先性应得到无条件的尊重和维护。这具体体现在对居民生命健康、生活质量的保障，以及对生态环境整体性的维护上，确保任何经济活动都不得损害其他自然资源和总体环境的和谐与稳定。

综上所述，生态保护优先的多种解读共同反映了当前社会对生态文明建设的深刻认识与高度重视。这些理念不仅推动了法律、政策与实践的革新，更为我们构建人与自然和谐共生的美好未来提供了坚实的理论基础与行动指南。

（三）环境利益受到重视

《中华人民共和国环境保护法》作为法律体系中的一股清流，其立法宗旨独树一帜，旨在确认并捍卫公众在特定法律框架内所享有的环境权益。这些环境权益超越了传统法律所关注的个体间权益关系，转而聚焦于人与自然之间的微妙平衡。它们不仅仅关乎空气、水源、土壤等生命维系之基础的清洁与纯净，更是人类健康生存不可或缺的自然环境状态的体现。

在历史的长河中，这些环境要素曾被视为无限且自然的馈赠，人类并未充分认识到其作为独立法益的重要性。然而，随着工业化进程的加速和人口膨胀带来的资源压力，人类活动对环境造成的破坏日益严重，生态危机频发，曾经被视为理所当然的良好环境状态变得日益稀缺和珍贵。正是在这一背景下，人们的环保意识逐渐觉醒，开始意识到保护环境利益不仅是生存的需要，更是法律应当赋予并保障的基本权利。

《中华人民共和国环境保护法》应运而生，它不仅仅是一部法律文本，更是维护自然秩序与生态系统平衡的守护者。其核心在于规范人类对自然的干预行为，确保这些行为遵循自然界的内在规律，以维护一个有序、和谐、公平且可持续的生存环境。在这部法律中，立法者将保护自然环境秩序视为至高无上的价值追求，任何破坏这一秩序的行为都将受到法律的制裁。《中华人民共和国环境保护法》不仅体现了人类对自然环境深刻反思后的法律回应，更是未来可持续发展道路上不可或缺的法制保障。它要求我们在追求经济发展的同时，必须兼顾环境保护，实现人与自然和谐共生的美好愿景。

生态环境利益的稀缺性，在经济学视角下，自然引出了资源分配优先性的问题——是应优先考虑市场竞争机制，还是将环境利益置于首位？传统西方经济学理论告诉我们，稀缺性会激发竞争，而市场竞争通过价格机制和优胜劣汰，理论上能够实现资源的优化配置，从而缓解资源稀缺的压力。然而，在环境利益这一特殊领域，情况却大相径庭。

市场形成的价格体系往往未能充分反映环境损害的真实成本，因为环境利益本质上属于公共利益范畴，而非单纯的市场交易对象。这种非市场性决定了其价值的衡量超越了传统市场价格机制，进而导致了市场机制在环境资源配置上的失效。更为严峻的是，资本的逐利本性与市场配置的效率导向，在追求利润最大化的过程中，往往忽视甚至加剧了对生态环境的破坏，使得环境利益稀缺问题愈发凸显。

这一问题的根源，在于人类活动对自然资源的不加节制利用与自然生态系统承载能力之间的深刻矛盾。面对这一由人类自身行为引发的环境危机，市场竞争机制显然已无法独力应对，转而需要政府层面的介入与干预。政府通过宏观调控、法律法规等手段，对市场主体的行为进行规范和引导，特别是对那些有利于维护公共利益的环境要素给予特别保护，从而确保环境利益在资源分配中的优先地位。

因此，面对环境利益的稀缺性，我们不得不重新审视并调整传统的资源配置逻辑，将环境利益优先作为新的分配原则。这不仅是对当前环境危机的直接回应，更是对未来可持续发展道路的深远布局。

二、生态保护优先原则的具体内容

生态保护优先原则，作为一种前瞻性的环境保护理念，其核心在于摒弃以人类经济利益为单一导向的传统思维，转而深入生态系统的内在机理，探寻与自然和谐共生的新路径。这一原则强调，我们应当从生态系统的整体架构出发，深刻理解其运作规律与平衡之道，以此为基础来评估和开发自然资源的价值，同时最大化地发挥其生态服务功能。

具体而言，生态保护优先应以生态学理论为基石，生态系统原理作为逻辑起点，通过生态系统管理这一实践手段，深入探索自然界的运行规律。这不仅是认识自然、理解自然的基础，更是指导人类行为、实现可持续发展的关键。在此过程中，我们需时刻铭记：生态系统的整体利益高于个体，对于生态系统内部结构的微妙平衡，我们应优先考虑那些能够减少干扰、维护稳定的因素。

进一步而言，自然经济系统作为生命存续的基石，其重要性应凌驾于社会经济系统之上。在制定政策与决策时，我们应优先采用社会生态标准，而非单纯的经济理性标准，确保经济发展不以牺牲环境为代价。同时，自然秩序应成为我们构建人类经济行为秩序的蓝本，生态利益必须置于经济利益之前，以确保我们的行动不会偏离生态保护的初衷。

总之，生态保护优先原则倡导的是一种全新的价值观与行为准则，它要求我们在面对人与自然的关系时，能够超越短视的经济利益追求，转而拥抱一种更加长远、更加包容的生态智慧。通过遵循这一原则，我们有望实现人与自然的和谐共生，共同守护这个唯一的地球家园。

（一）生态系统整体性优先于个体

生态系统整体性理念，作为对自然界深刻理解的基石，根植于生态系统各组成部分的紧密关联与整体演化规律之中。这一理念将地球视为一个包容万物、生机盎然的生态系统共同体，其中人类与其他生命物种及非生命物质相互依存，共同编织着生命的网络。生态系统的整体性，强调了每一部分都不可或缺，无论是无生命的物质基础，还是作为生产者的绿色植物，乃至消费者与分解者，它们共同构成了生态系统的复杂机体，每一环节都承载着特定的生态功能。

从这一视角出发，我们可以更深入地理解生态系统整体性优先于个体的原则。

首先，这一原则要求我们超越单一物种或元素的局限，将视野拓宽至整个生态系统及其内部复杂的相互依赖关系，关注生态系统的整体和谐与平衡。

其次，生态系统的完整性是其多样性、稳定性和韧性的基石，任何对生态系统组成部分的破坏都可能引发连锁反应，影响整体功能。因此，尊重并保护生态系统的每一个要素，是维护其整体性的必然要求。

再次，生态系统整体性的保护呼唤全球性的合作与努力。环境问题无国界，任何一个国家或地区的生态危机都可能对全球生态系统造成波及。因此，国际合作、共享信息与资源、协同制定环保政策成为必然选择。

最后，面对生态系统结构和功能分析中的不确定性，我们应秉持谨慎态度，优先考虑非干扰性因素。在生态系统自然演进的过程中，许多变化难以预测，盲目干预可能带来不可预知的风险。因此，保留不确定性资源区域，减少外界干扰，成为降低生态风险、保障生态系统长期稳定的智慧之举。

生态系统整体性优先于个体的原则，不仅是对自然界的深刻洞察，更是指导我们行动的重要准则。它提醒我们，在追求发展与利用自然资源的同时，必须始终铭记对生态系统的敬畏与保护，确保人类活动与自然界的和谐共生。

（二）自然经济系统优先于社会经济系统

自然经济系统相较于社会经济系统的优先性，是在人类面临生态危机后深刻反思与认知的产物。在生态系统中，水、土地、生物及矿产资源等要素兼具环境要素与自然资源的双重性，这种双重性内在地连接了生态环境保护与资源合理利用，共同维系着生态系统的平衡与稳定。因此，保护生态系统，实质上也是在确保每个资源要素功能的最大化发挥，这要求我们在立法与管理上，必须采取生态优先的策略。

传统自然资源法律往往过于强调经济利益的优先性，忽视了自然资源的整体性与系统性，以及它们所承载的生态价值和社会价值。这种片面追求单一资源效用最大化的做法，不仅导致了自然资源的过度开发与环境破坏，也未能充分发挥自然资源的多功能价值。事实上，自然资源如同硬币的两面，一面是可供市场交换的经济价值；另一面则是难以量化的生态价值和社会价值。例如，森林不仅能提供木材、能源等经济产品，还能调节气候、净化空气、保护生物多样性，这些非市场价值对于维护生态平衡和人类福祉至关重要。

然而，现有经济评价体系（如 GDP）未能充分纳入自然资源的生态服务价值和社会功能价值，导致这些价值在市场上被严重低估甚至忽略。这种价值认知的偏差，驱使人们无节制地开采自然资源，忽视了生态系统的整体健康与可持续性，最终引发了资源枯竭与生态危机。

因此，我们必须重新审视自然经济体系与社会经济体系之间的关系。作为自然经济系统的子系统，人类经济体系依赖于自然系统的支撑与约束。两者之间的相互作用要求我们在经济发展中更加注重对自然规律的尊重与遵循，实现经济发展与生态保护的和谐统一。这不仅需要我们在政策制定、法律完善、经济评价体系等方面做出调整，更需要在全社会范围内树立生态文明观念，促进人与自然和谐共生的新型发展模式的形成。

（三）社会生态标准优先于经济理性标准

从我国自然资源单行法的立法目的和基本原则中，可以窥见我国自然资源法律体系的共同特征，即往往侧重于调整人与人之间因资源利用而产生的社会关系，而对环境资源法律所特有的、人与自然和谐共存的关系关注不足。这种倾向在水资源等自然资源的立法实践中尤为明显，随着人口增长与资源有限性的矛盾日益凸显，立法却未能充分反映和应对这一现实挑战。

现行法律在调整对象上存在明显偏差，往往孤立地看待单一资源的利用，而忽视了污染防治与整体性生态保护的重要性。部门利益导向明显，导致法律设置更侧重于权力的分配与巩固，而非资源的可持续利用与生态平衡的维护。这种立法模式不仅割裂了生态保护与资源利用的内在联系，也忽视了不同资源领域和部门法之间的协同与整合，加剧了资源破坏与环境污染的问题。

进一步考察相关法律的立法目标与价值导向，不难发现生态保护优先原则的缺失。传统立法深受经济优先逻辑的影响，以经济增长和效率为核心，忽视了自然资源本身的整体性和系统性特征。在这种思想指导下，资源的开发利用往往以牺牲生态环境为代价，呈现出明显的不可持续性。尽管自然资源的经济价值不容忽视，但其生态价值和社会价值同样重要，且往往超越了单纯的经济范畴。

因此，我国自然资源法律体系亟待转变立法理念，从经济利益优先向生态保护优先转变。这意味着我们需要重新审视自然资源的本质属性，将其视为一个复杂而脆弱的生态系统的一部分，而非简单的经济资源。立法应更加注重生态系统的平衡与稳定，确保资源的可持续利用与生态环境的长期保护。同时，加强不同资源领域和部门法之间的协调与整合，形成合力，共同应对资源环境挑战。

从相关法律的管理机制中，我们可以窥见生态系统管理的明显缺失。自然资源的本质属性决定了它们并非孤立存在，而是深深植根于整个生态系统之中，与其他生物和非生物组分相互依存、相互影响。这种强烈的相互依赖性和反馈机制要求我们在利用和保护资源时，必须采取整体性的视角，充分考虑生态系统的整体平衡与稳定。

然而，当前的环境资源管理机制往往倾向于孤立地看待和管理单一资源，忽视了资源与其所依存生态系统之间的紧密联系。这种管理方式不仅无法有效应对资源利用过程中的生态风险，反而可能加剧生态系统的失衡与退化。因此，我们必须深刻认识到，可持续利用资源的关键在于维护生态系统的可承载能力、自然恢复能力和动态平衡能力，而非简单地追求资源利用的最大化。

生态系统的生态规律进一步强调了资源保护与生态系统平衡之间的内在联系。

资源的生态价值功能和可持续利用，从根本上取决于生态系统的整体健康状况。任何对生态系统组分的破坏或忽视，都可能引发连锁反应，导致不可预测的生态负效应。因此，我们必须将生态系统管理作为维护陆地自然资源生态和可持续性的核心策略。

生态系统管理作为一种基于生态学原理的先进管理方法，旨在通过综合考虑生态系统的时空尺度、物种多样性、能量流动和物质循环等因素，制定科学合理的资源利用与保护策略。它挑战了传统管理模式的局限性，为我们提供了一种更加全面、动态和适应性的管理框架。在未来的环境资源法律与管理实践中，我们应当积极借鉴和应用生态系统管理理念，以更好地实现自然资源的可持续利用与生态系统的和谐共生。

（四）自然秩序模式优先于建构人类经济行为秩序

自然本身蕴含着深刻的秩序，这种秩序不仅体现在无生命的物理世界中，也深深植根于生物间的相互关系之中。在地球这个庞大的生态系统共同体内，自然界的万物经过亿万年的进化，已经形成了精妙而稳定的生存法则与共生模式。这些自然界的智慧，如鸟类精巧的翅膀结构和大食蚁兽可持续的觅食策略，都为人类社会提供了宝贵的启示：唯有顺应自然秩序，方能和谐共生，共享地球之美。

在人类追求生存与发展的征途上，生态利益、社会利益与经济利益构成了三大核心利益领域。它们各自占据不同的层次，发挥着不可替代的作用。然而，在这三者之中，生态利益无疑占据着至高无上的地位。从更广阔的视角来看，生态利益不仅关乎人类自身，更是地球生物圈内所有生命体及非生命要素共同福祉的体现。它涵盖了生态系统的内在价值、工具价值以及整体价值等多个维度。

内在价值强调的是生物物种自身固有的、满足其生存需求的特性，是生命本质的直接体现；工具价值则聚焦于生态系统为人类及其他生物提供的资源与服务，如清洁的水源、肥沃的土地以及调节气候等生态功能；而整体价值则超越了个体与局部的界限，代表了整个生物圈乃至地球生态系统的整体福祉。

因此，广义上的生态利益不仅包含了人类自身的生存利益，更涵盖了所有生物和非生物的整体福祉。它是地球生命共同体的基石，是人类社会发展的最高准则。在制定社会经济决策与开展经济活动时，我们必须将生态利益置于首要位置，确保所有行动都遵循自然规律，维护生态系统的平衡与稳定。唯有如此，我们才能确保人类社会的可持续发展，让地球家园永远充满生机与活力。

在深刻理解生态优先基本内涵的基础上，对于生态保护优先的内涵与外延，我们需进一步强调以下几点。

第一，树立生态保护优先的价值观。这种价值观的核心在于将地球生物圈内生态系统的整体性功能视为至高无上的价值追求。它强调在人与自然的关系中，保持生态系统的结构合理性与功能完整性，实现人类活动与自然秩序的和谐共生。这不仅仅是一种理念上的转变，更是对人类社会发展方向的深刻反思与重塑。

第二，实现生态保护优先的发展观。这种发展观要求我们在追求经济增长与社会进步的同时，必须将生态保护置于首要地位。它倡导以地球生态系统的健康稳定为基础，确保生态系统的生命支持功能得以充分发挥和持续增强。这种发展观是人类活动与自然秩序良性互动、协调发展的基石，也是实现可持续发展的重要保障。

第三，践行生态保护优先的实践观。在实践中，我们必须深刻认识到自然生态系统的内在平衡机制及其所设定的自然弹性阈值。这一阈值是生态系统承受外界干扰的极限，一旦超越，将导致生态系统的严重失衡与破坏，且往往难以恢复。因此，人类的经济决策与活动必须严格遵循自然生态阈值，将其作为经济行为的红线与底线。正如法律维护社会公正与秩序一样，生态保护优先原则也应成为指导人类经济活动、保护自然生态系统良性运行的铁律。

综上所述，生态保护优先不仅是一种理念上的倡导，更是一种行动上的要求。它要求我们在价值观、发展观与实践观上实现全面的转变与提升，以切实维护地球生态系统的健康稳定与可持续发展。

第三节　生态保护优先原则中的保护行为

生态保护优先原则的内涵之一是保护行为优先，对保护行为进行类型化的分析有利于确认保护行为如何优先，以便使生态保护优先原则中"保护"的效果得以实现，而对于保护行为基准的确定，则是"保护"效果实现与否的衡量标准。

一、保护行为的类型

（一）恢复质量的保护

该保护行为聚焦于那些污染物超标排放、生态功能过度利用或可再生资源再生能力受损而导致环境质量下降的区域。目标是通过有效措施，使环境质量恢复至标准水平，恢复生态平衡，并重新激发可再生资源的再生能力。在生态环境脆弱及重要生态功能保护区内，此保护行为尤为关键，需限制开发活动，精选并发展对环境友好的产业，确保生态保护与区域发展相协调。

（二）维持质量的保护

此保护策略旨在经济发展过程中，确保污染物的排放不超过环境自净能力，生态功能的利用不越过生态红线，可再生资源的开发不损害其再生潜力。通过严格控制污染排放总量，实施主体功能区规划，确保重点开发区域在增产的同时不增加污染负荷，生态空间利用严格遵循生态保护红线，以维持环境资源的既有质量。

（三）提升质量的保护

该保护行为鼓励高效利用环境容量、资源及生态功能，通过借鉴先进制度，不断优化环境质量标准，减少资源消耗，提升生态环境整体质量。这包括优化产业结构、空间布局，降低国土空间开发强度，增加生态空间，以及实施循环经济计划，促进废弃物资源化利用。

（四）合理利用的保护（针对不可再生资源）

此保护行为强调对不可再生资源的精细规划与高效利用，通过提高资源利用率来间接增加资源存量。具体措施包括资源分类分级管理、制订总体利用规划与年度利用计划，以最少资源消耗满足经济社会发展需求，同时维护生物多样性及非生物资源的种类与数量。

（五）禁止利用的保护

该策略针对特定区域，如自然生态系统敏感区、特殊保护价值区或自然遗迹等，通过禁止开发活动来保护其独特价值或功能。例如，禁止在特定自然生态系统区域或水源涵养区开发，设立禁猎（渔）区及禁猎（渔）期，严格保护国家重点保护的野生动植物，以确保这些区域的生态平衡。

二、保护行为的基准

（一）环境质量标准

环境质量标准，作为环境保护领域的基石，其核心目的在于全方位守护自然环境、保障公众健康及维护社会物质财富的可持续发展。这些标准通过科学设定限制值，有效管控环境中的有害物质与不利因素，确保生态系统的健康循环与人类社会的和谐共存。值得注意的是，鉴于不同区域在功能定位、自然禀赋及保护需求上的差异，环境质量标准呈现出鲜明的地域特色与针对性，力求精准匹配各地实际情况。

在环境保护实践中，环境质量标准不仅是恢复、维持及提升环境质量不可或缺的基准线，更是指导一切环保行动的指南针。从恢复受损环境到维持既有质量，再到追求更高品质的生态目标，每一步都离不开环境质量标准的引领与规范。它如同一位严谨的裁判，确保所有环保措施都能有的放矢。

同时，环境质量标准还是制定污染物排放标准及实施总量控制策略的重要依据。通过设定合理的排放阈值，既保障了企业正常运营的空间，又促使企业在达标排放的基础上不断寻求技术革新与产业升级，以实现资源利用效率的最大化及污染物排放的最小化。在此过程中，"领跑者"制度的引入，如同一股清流，激励企业竞相提升污染物处理水平，不断突破现有标准，推动整个行业向更高层次的环境保护目标迈进。

此外，环境质量标准还扮演着政绩考核的重要角色。在绿色发展理念日益深入人心的今天，政府负责人的工作成效不再仅仅以经济增长为唯一衡量尺度，环境质量改善同样成为不可或缺的考核指标。通过将区域环境质量标准纳入政绩评价体系，不仅提高了地方政府对环境保护工作的重视程度，也促进了各级政府间的良性竞争与合作，共同推动全国范围内的环境质量稳步提升。

综上所述，环境质量标准不仅是环保行动的具体指南，更是推动社会全面可持续发展的强大动力。它不仅关乎自然环境的健康与美丽，更直接影响人类社会的福祉与未来。因此，不断完善和提升环境质量标准，是我们每一个人的共同责任与使命。

（二）资源利用上限

人类的生存与发展紧密依赖对自然资源的开发与利用，尤其是那些宝贵的不可再生资源。面对这一现实，我们必须采取科学合理的利用策略，通过技术革新与产业升级，不断提升单位资源的利用效率，从而在有限的资源中创造更大的价值。为了实现这一目标，首要任务是清晰掌握我国各类自然资源的总量，利用现代科技手段进行精确测量与确权，明确界定资源权属及监管责任，确保每一份资源都有明确的"守护者"。

在此基础上，应精心制定自然资源的总体利用规划与年度实施计划，为资源的合理开发提供明确的行动指南。同时，引入"资源消耗天花板"机制，为各类资源的开发利用设定严格的消耗上限，这一上限成为保护自然资源的基准线，任何超越此基准线的行为都将被视为对资源保护原则的违背。

为了进一步强化监管与责任追究，可探索建立自然资源资产负债表制度，将自然资源的开发利用情况纳入政府绩效考核体系，以此约束公权力行使，确保政府决策充分考量自然资源的可持续利用。通过这样的制度安排，我们不仅能够有效遏制资源浪费，还能激励政府和社会各界共同努力，推动自然资源利用的效益最大化，为人类的可持续发展奠定坚实基础。

（三）生态保护红线

生态保护红线制度，作为一项至关重要的环境保护措施，其核心在于根据特定区域的自然特征、生态功能及保护目标，科学划定并严格保护那些对生态平衡至关重要的区域。这些区域通常包括关键生态功能区、生态环境敏感区及脆弱区，它们构成了国家和区域生态安全的坚固防线。

实施生态保护红线制度，意味着我们必须坚持保护优先的原则，确保在开发利用自然资源的同时，不触碰生态保护的底线。这意味着，针对这些特定区域，我们必须采取严格的保护措施，限制或禁止可能对其造成不利影响的开发活动，以维护其生态功能的完整性和稳定性。

具体而言，生态保护红线制度要求我们在利用特定区域的生态功能时，不仅要遵循保护优先的原则，还要以生态保护红线为基准，制定并实施一系列恢复、维持和提升该区域生态质量的保护行为。这些行为可能包括但不限于生态修复、环境监测、污染防控以及公众教育与参与等，旨在促进生态系统的自我恢复能力，维护其长期健康。

对于某些具有极高保护价值或特殊生态意义的区域，如自然保护区、水源涵养区、珍稀物种栖息地等，生态保护红线制度更是明确提出了禁止开发的严格要求。这是为了保护这些区域的独特生态系统和生物多样性，防止人类活动对其造成不可逆转的损害。

总之，生态保护红线制度是一项旨在维护国家和区域生态安全的重要制度。它通过科学划定并严格保护关键生态区域，促进了生态保护与经济发展的协调平衡，为实现可持续发展提供了有力保障。

第三章

生态系统与环境保护

第一节　生态学基础知识

一、生态学基本概念

在自然界中，生物物质以千变万化的方式相互交织，构建出从简单到复杂的各级生命体系，这一序列从最基本的细胞出发，逐级演化为个体、种群、群落，直至整个生态系统。生态学，作为一门探索生命体系与环境系统之间相互作用的科学，正是致力于揭示这一宏伟画卷背后的奥秘。

生态学的探索之旅始于对生物个体的深入研究。每个生物个体都是一个精妙的功能系统，它们通过独特的生物化学过程、精细的形态解剖结构、复杂的生理机制以及灵活的行为策略，与周围环境进行着微妙的互动与适应。个体生态学专注于解析这些适应机制，揭示生物如何在多变的环境中求生存、谋发展。

随着研究视野的拓宽，我们进入种群的世界。种群，作为特定时间与空间内同种生物个体的集合，不仅展现了个体的独特性质，更蕴含了群体层面的新特性，如团聚行为、社群结构等。种群生态学聚焦于种群数量的动态平衡、行为模式以及进化历程，为我们理解生物种群的存续与演替提供了钥匙。

进一步放大视角，群落是由多种生物种群在特定生境中共同构成的复杂生物系统。这里，生物多样性、物种间的分布格局、相互作用及其机制成为群落生态学关注的焦点。随着研究的深入，生态系统生态学逐渐成为热点，它强调从整体上把握生态系统内物质循环、能量流动及信息传递的规律。

尤为值得关注的是，现代生态学已远远超越了对自然生态的单一研究范畴，它将人类活动纳入视野，提出了"社会－经济－自然复合生态系统"的全新理念。这一转变不仅拓宽了生态学的研究边界，更使其成为一门跨越自然科学与人文科学的综合性学科。在此基础上，生态学的研究领域进一步拓展至宏观尺度，包括景观生态学和全球生态学，致力于探索地球生命系统的整体运行规律及其与人类社会的深刻联系。

二、生态系统概念

生态系统，这一概念涵盖了生物群落内所有有机体及其所处环境所构成的复杂而功能完备的统一体。在这个统一体中，能量的流动驱动着营养结构的形成，促进了生物多样性的维持，并确保了物质循环的顺畅进行。生态系统本质上是一个动态平衡的系统，其中生物与非生物部分持续进行着物质与能量的交换，共同维系着生物圈内的能量与物质循环。

传统上，生态系统多指自然状态下未经人类大规模干预的系统。然而，在全球化与现代化的背景下，纯粹的自然生态系统已愈发罕见。当前，生态学研究的焦点更多转向了那些受到不同程度人类活动影响的生态系统，如农业生态系统（半人工、半自然）及城市生态系统（完全人工建造）。这些系统反映了人类与自然环境的深刻互动，以及这种互动如何重塑着地球的生物多样性与生态平衡。

生态系统的概念具有广泛的适用性，它不拘泥于特定的空间尺度或生物种类。从微观视角看，一个树桩上的微生物群落与其环境即可构成一个微小的生态系统；而从宏观视角审视，整个森林、河流、山脉乃至广阔的海洋，均是生态系统的不同表现形式。此外，人类活动所创造的特定环境，如水库、城市区域及农田等，同样被视为人工生态系统，它们与自然生态系统交织共存，共同构成了地球生物多样性的宏大图景。

（一）生态系统的构成要素

生态系统，这一生命与环境的综合体，由两大核心要素构成：生物部分（或称生物群落）与非生物部分（环境因素）。生物部分丰富多样，涵盖了植物群落（作为生产者的绿色力量）、动物群落（作为消费者的能量传递者），以及微生物与真菌群落（扮演分解者或还原者的角色，促进物质循环）。这些生物成分相互依存，共同编织着生态系统的生命之网。

另一方面，非生物部分，即环境因素，为生态系统提供了物质基础与运作条件。它囊括了广泛的物理与化学因子，如气候特征（特别是温度和降水）和土壤条件等。在这些非生物因素中，水分与热量对于陆地生态系统的结构与类型具有决定性影响。水分是生态系统活力的源泉，它决定了生态系统是繁茂的森林、广袤的草原还是干旱的荒漠。例如，年降水量超过 750 毫米的区域，往往能孕育出稳定的森林生态系统；而年降水量低于 250 毫米的地区，则因水分匮乏难以支撑茂密的植被，最终形成荒漠景观。

温度则影响着植被的生长习性，塑造了常绿、落叶、阔叶或针叶等不同的生态系统特征。温暖的地区可能更适合常绿植被的生长，而寒冷地带则多见落叶或针叶树种。

此外，土壤条件作为生态系统的另一重要基石，其复杂性对生态系统的影响也是多方面的。土壤不仅为植物提供了生长所需的水分、养分和空气，还承载着微生物群落，参与着物质分解与循环过程。因此，土壤条件的差异对生态系统的多样性有着不可忽视的贡献，影响着生物群落的组成与结构。

生态系统的平衡与稳定依赖于生物部分与非生物部分的紧密协作与相互适应。每一环节的变化都可能对整个系统产生深远的影响，要求我们在认识与保护生态系统时，必须全面考虑其复杂性与动态性。

（二）生态系统的结构

生态系统的结构是指构成生态系统的要素及其物质、能量循环转移的路径等。它包括形态结构和营养结构。

1. 形态结构

生态系统作为生命与环境的综合体，其形态结构由一系列复杂的生物因素共同塑造。这些生物因素包括生态系统内生物种类的多样性、种群数量的相对稳定、物种在空间中的配置（如水平分布与垂直分层），以及随时间变化所展现的生命周期与季节性特征。以森林生态系统为例，我们可以清晰地观察到这些形态结构要素的展现。

在森林生态系统中，生物种类的组成相对固定且多样，动植物及微生物种群的数量维持在一个相对稳定的范围。这种稳定性是生态系统健康与平衡的重要标志。在空间配置上，森林展现出了显著的分层现象，从地面到树冠，形成了一个立体的生物群落结构。乔木层高耸入云，为鸟类提供了理想的筑巢场所；灌木层与草本层则丰富了林下的植被景观，也为多种小动物提供了庇护与食物来源；而苔藓等低等植物则部分覆盖了树干与地面，增添了森林的生态多样性。此外，根系也呈现出明显的分层，浅根系植物迅速吸收表层土壤养分，而深根系植物则深入地下探索水源，同时根际微生物的活动也促进了土壤的健康循环。

在水平分布上，森林内部的植物与动物分布同样呈现出差异化的格局。林缘区域由于光照、水分等环境条件的特殊性，往往生长着与林内不同的植物种类，吸引了特定的动物种类栖息。这种水平分布的差异不仅丰富了森林的生态景观，也促进了不同生物之间的相互作用与物质循环。

值得注意的是，植物作为生态系统的生产者，其种类、数量及空间配置不仅是森林形态结构的直观体现，更是整个生态系统功能运作的基础。它们通过光合作用固定太阳能，为整个生态系统提供能量与物质支持。因此，植物群落是生态系统的骨架，它们的健康与稳定直接关系整个生态系统的繁荣与可持续发展。

2. 营养结构

生态系统的营养结构，是其内部各组成部分间通过营养关系构建的复杂网络，是能量流动与物质循环的核心框架。这一结构深受生态系统特定环境、生产者、消费者及分解者种类与数量的影响，呈现出多样化的形态。

在生态系统中，食物链作为营养结构的基本单元，生动描绘了生物之间以食物为纽带的紧密联系。一条典型的食物链展示了生物间顺序性的捕食关系，即一种生物以另一种生物为食，后者再被第三种生物捕食，以此类推。依据生物间的具体关系，食物链可细分为捕食性、碎食性、寄生性和腐生性四种类型，每种类型都反映了自然界中特定的生存策略与相互作用模式。例如，病虫害的生物防治正是基于对捕食性食物链的巧妙利用，通过引入天敌来控制害虫数量，既环保又高效。

然而，生态系统中的食物关系远比单一的食物链复杂得多。由于消费者通常具有广泛的食性，且同种食物往往被多种消费者共享，这使得食物链之间交错相连，形成了一个错综复杂的食物网。食物网不仅展现了生物间复杂的捕食与被捕食关系，还体现了生物对环境的广泛适应性。这种网状结构极大地增强了生态系统的稳定性和自我调节能力，使得生态系统在面对外界干扰时能够保持一定的恢复力和韧性。

自然界中普遍存在的食物网，是生态系统平衡与自我维持的关键。它不仅促进了物质与能量的高效循环，还为生物的多样性和进化提供了丰富的机会与平台。在这个生命交织的网络中，每一个物种都扮演着不可或缺的角色，共同推动着生态系统的持续发展与演化。因此，保护和尊重生态系统的营养结构，就是维护地球生命多样性和生态平衡的重要举措。

（三）生态系统的特点

1. 整体性

生态系统，这一复杂的生命体系，展现出了鲜明的层次性结构。从个体、种群、群落直至整个生态系统，每一层次都承载着特定的功能与角色，它们相互依存、层层递进，共同构建了一个完整的生态系统框架。在这个框架中，低层次是高层次的基础，彼此之间的联系紧密而不可或缺，共同维系着生态系统的稳定与和谐。

生态系统作为一个整体，其内部充满了错综复杂的网络关系。生物部分与非生物部分相互交织，每一个因子都与其他因子紧密相连、相互影响。这种紧密的相互作用使得生态系统能够作为一个整体协调运作，保持相对的稳定性。然而，一旦这种平衡被打破，如过度砍伐树木导致生态系统层次结构受损，就可能引发连锁反应，使整个生态系统失去平衡，甚至陷入恶性循环。

生态系统的功能与其结构紧密相关，结构的任何变化都将直接导致功能的改变。通过观察生态系统的功能表现，我们可以反推其结构的可能变化。而生态系统得以存在和运行的关键，在于营养物质的循环与能量的流动。这些生命活动的基石一旦受到破坏，整个生态系统将面临崩溃的风险。因此，提高生态系统的物质循环效率和能量转化率，对增强其整体功能至关重要。

在生态系统中，生物之间以及生物与非生物之间的相互作用尤为显著。植物间的竞争与共生、动物间的捕食与被捕食关系，以及生物与环境因子（如水分）之间的微妙平衡，共同构成了生态系统的动态画卷。以水分为例，其变化对生态系统的影响深远而复杂。在干旱地区，地下水位的微小变动就可能引发植被的生死存亡，进而影响整个生态系统的稳定。因此，合理调控生态系统中的水分循环，是维护生态平衡的重要举措之一。

综上所述，生态系统是一个高度复杂且相互依存的整体。只有充分理解和尊重其内在的结构与功能关系，采取科学合理的保护措施，才能确保生态系统的长期稳定与繁荣。

2. 开放性

生态系统，这一自然界的杰作，以其开放性特质与周围环境紧密相连，构成了一个错综复杂、相互影响的网络。一个生态系统的变化，如同投石入水，其涟漪往往波及其他系统，引发连锁反应。以山地生态系统为例，森林植被的破坏不仅直接导致了水土流失、鸟兽迁徙和地貌变迁，更间接引发下游平原地区的洪旱灾害风险，乃至河流湖泊的生态平衡，这一连锁反应深刻揭示了生态系统间相互依存、互为因果的紧密关系。

生态系统的开放性，从两个维度赋予了其独特的价值。首先，这种开放性使得生态系统成为人类宝贵的资源库。人类巧妙地利用这一特性，从农业生态系统中收获粮食与果蔬，满足基本生活需求；同时，借助自然生态系统的水分调节功能，改善局部气候，促进农业生产效率的提升。其次，生态系统的开放性也为人类提供了主动干预与优化的空间。通过增加物质与能量的输入，人类能够调整生态系统的结构，增强其功能，进而更好地服务于社会经济发展与生态环境保护的双赢目标。

尤为重要的是，生态系统的开放性特征极大地拉近了人类与自然界的距离，使其成为人类社会赖以生存与发展的重要基石。在这一过程中，人类不仅享受着生态系统提供的直接利益，更应承担起保护与维护生态平衡的责任，确保自然资源的可持续利用，促进人与自然的和谐共生。

3. 区域分异性

生态系统以其显著的区域分异性，展现了自然界丰富多彩的面貌。海洋与陆地，作为两大截然不同的生态系统类型，各自孕育着独特的生物群落与环境特征。而在陆地，森林、草原、荒漠等生态系统则依据气候、土壤等条件呈现出明显的地域分布规律。即便是同一类型的生态系统，如山地、草原、河湖、沼泽等，在不同的地理区域内也会因环境条件的差异而展现出不同的结构与运行特点。

我国作为一个深受季风气候影响且地形多样的国家，其生态系统的区域分异性尤为显著。多变的气候、各异的水土条件以及丰富的物种资源共同交织成一幅幅绚丽多彩的生态画卷。这种多样性不仅为自然资源的丰富性奠定了坚实基础，同时也对资源的合理开发利用与保护提出了更高层次的挑战。

面对如此复杂多变的生态系统，我们需要更加深入地了解其内在规律与相互联系，科学规划资源的开发利用策略，确保在促进经济社会发展的同时，有效维护生态平衡与生物多样性。这既是对自然的尊重，也是对人类自身未来的负责。因此，加强生态系统研究、提升资源管理能力、推广可持续发展理念，将成为我们应对生态系统区域分异性挑战的重要途径。

4. 可变性

生态系统的平衡与稳定，本质上是一种相对且暂时的状态，而系统内部的不平衡与外界环境引发的变化则是绝对且持续的。这种动态平衡反映了自然界的复杂性与适应性。一般而言，生态系统的层次与结构复杂度与其稳定性呈正相关。一个多层次、结构复杂的生态系统，如原始森林，具有较强的自我调节与恢复能力，能够在遭受外界干扰后迅速调整并恢复其功能。相反，结构单一、层次较少的生态系统，如人工营造的纯林，往往更为脆弱，抵抗外界干扰的能力较弱，一旦发生病虫害或营养缺乏等问题，可能迅速崩溃。

导致生态系统变化的因素纷繁复杂，既有自然因素也有人为因素。自然因素，如雷电引发的森林火灾、长期干旱等，对生态系统的影响通常是缓慢的，它们遵循自然界的规律，是生态系统自然演替的一部分。然而，在现代社会中，人为因素已成为影响生态系统变化的主导力量。这些影响往往具有突发性、毁灭性，如过度开发、污染排放、生物入侵等，给生态系统带来了前所未有的压力。

面对生态系统的变化，我们需要辩证地看待其影响。一方面，某些变化可能为人类带来益处，如合理的土地利用规划促进了农业生产的提高；另一方面，许多变化则对人类构成了威胁，如环境污染、生态退化等。因此，改善生态环境，即通过科学的人工干预，引导生态环境和生态系统朝着有利于人类和生物多样性的方向发展，成为我们共同的责任和使命。这要求我们在开发利用自然资源的同时，充分考虑生态系统的承载能力，采取可持续的发展模式，实现人与自然的和谐共生。

三、复合生态系统概述

自然、经济、社会正越来越紧密地连接成为有序运动的统一整体。当代生态环境实质上是人地关系高度综合的产物。

（一）复合生态系统的结构和功能

复合生态系统，作为一个高度集成的整体，其结构体现在系统内各部分、各要素在空间上的精心布局与紧密联系之中。这一系统通过生物地球化学循环、生产代谢过程中的投入产出管理，以及物质供需与废物处理机制，实现了各要素与子系统间的有机整合。这一整合过程不仅塑造了复合生态系统的内在统一性，还赋予了其独特的动态特性。

在复合生态系统中，自然生态系统以其固有的生物多样性和物质能量流动规律，构成了对人类经济社会活动的天然约束与引导。同时，人类的主观能动性也不容忽视，我们的经济社会行为在不断重塑着这一系统中的能量流动与物质循环路径，对复合生态系统的演化轨迹产生着深远影响。自然与人文的双向互动，既相互制约又相互促进，共同编织出一个以人类活动为核心，结构复杂、层次分明的复合生态系统网络。

从功能层面来看，复合生态系统的运作与其精妙的结构设计紧密相连。自然生态系统不仅具备资源再生的能力，还扮演着环境净化者的角色，为人类社会提供了宝贵的自然资源与生态服务。它通过特定的物质能量循环机制，如碳、氢、氧等元素的循环，维持着自身的生态平衡，并为人类的生存与发展提供了不可或缺的化学元素与物质基础。同时，自然系统中的水、矿物、生物等资源，通过人类的生产活动被引入人工生态系统，进一步参与更高层次的物质循环，成为推动社会经济发展的重要驱动力。

相比之下，人工生态系统则更多地体现了人类的需求与智慧，它承载着生产、生活、服务及享受等多重功能。通过精心的规划与管理，人工生态系统不仅能够高效地利用自然资源，还能创造出丰富多彩的人类文明成果。然而，我们也必须清醒地认识到，人工生态系统的繁荣离不开自然生态系统的支撑与保障，二者之间存在着不可分割的紧密联系。

综上所述，复合生态系统是一个集自然与人文于一体的复杂系统，其结构与功能的协调统一是实现可持续发展的关键。在未来的发展中，我们应当更加珍视与保护自然生态系统的基础性作用，同时充分发挥人类的创造力与智慧，共同构建一个更加和谐、可持续的复合生态系统。

（二）复合生态系统的特征

复合生态系统，这一融合了自然与人工智慧的杰作，是在自然生态系统基础上，经由人类智慧与劳动的精心雕琢而形成的复杂体系。它既非纯粹的自然状态，亦非纯粹的人工构造，而是自然与经济社会发展的和谐共生体。这一系统既承载着自然界的资源与能源供给功能，维系着人类的生存与繁衍，又蕴含着人工系统的活力与创造力，推动着社会的进步与繁荣。

复合生态系统的整体性是其显著特征之一，它如同一张错综复杂的网络，将自然、经济、社会三大领域紧密相连，形成不可分割的统一体。在这个体系中，每一要素、每一部分都相互依存、相互影响，任何细微的变化都可能触动整个系统的敏感神经，引发连锁反应，促使系统寻求新的平衡与发展路径。

与此同时，复合生态系统展现出强烈的开放性。它像一座桥梁，连接着内部与外部世界，原材料与燃料的输入为系统注入活力，产品与废物的输出则是系统与自然及经济社会环境互动的结果。这种开放性不仅考验着系统的容量与韧性，也要求其具备高效的物质交换与能量流动机制，以维持内部的稳定与和谐。

然而，复合生态系统的承载能力并非无限。当外界压力超出其阈值时，生态系统的平衡将面临严峻挑战，甚至可能遭受不可逆转的破坏。因此，我们认识到生态系统的脆弱性与平衡的不稳定性至关重要。幸运的是，复合生态系统在长期进化过程中逐渐形成了自我调节机制，能够在一定范围内自我修复与调整。同时，人类智慧与技术的介入更是为这一机制增添了人工调节的力量，使得系统在面对外界冲击时能够拥有更大的缓冲与应对空间。

综上所述，复合生态系统是一个既遵循自然法则又融合人类智慧的复杂系统。它的整体性、开放性与有限承载能力共同构成了其独特的生态逻辑与发展轨迹。在未来的发展道路上，我们应当更加珍视这一宝贵资源，以科学、理性的态度促进其可持续发展。

第二节　生态环境保护的基本原理

为有效保护生态环境，我们需遵循一系列基本原则，以确保生态系统的健康与可持续性。首先是生态系统结构与功能的相互对应，这意味着维护生态系统的完整性对于保持其环境功能是至关重要的。我们必须认识到，生态系统的每一个组成部分都承载着特定的生态功能，保护这些组成部分的完整性，就是保护整个生态系统的稳定性和服务功能。

其次，我们应将经济社会与环境视为一个紧密相连、相互影响的复合系统。这意味着在追求经济发展的同时，必须充分考虑对环境的影响，寻求经济社会与环境之间的协调与平衡。随着人类社会的进步，我们需要不断探索改善生态环境的新途径，以建立更加和谐、可持续的协调关系。

生物多样性作为生态保护的核心，应被置于首要和优先的位置。生物多样性的丰富程度直接影响到生态系统的稳定性和恢复力，因此，我们必须采取一切必要措施来保护生物多样性，防止物种灭绝和生态系统退化。

再次，我们还应将普遍性与特殊性相结合，特别关注特殊性问题。由于地理、气候、文化等因素的差异，不同地区的生态环境问题具有各自的特点。因此，在制定生态保护政策时，既要考虑普遍适用的原则和方法，也要充分考虑地区的特殊性，因地制宜地制定针对性的保护措施。

最后，我们应高度关注重大生态环境问题，并将其与恢复和提高生态环境功能紧密结合。这些重大生态环境问题往往对经济社会发展和人类生活产生深远影响，因此必须采取有效措施加以解决。同时，通过恢复和提高生态环境功能，我们可以为经济社会发展和人类精神文明进步提供更加坚实的基础。

一、生态系统的特性

（一）分布地域的连续性

分布地域的连续性是生态系统存在和长久维持的重要条件。现代研究表明，岛屿生态系统是不稳定或脆弱的。由于岛屿受到阻隔，与外界缺乏物质和遗传信息的交流，因而对干扰的抗性低，受影响后恢复能力差。近代已灭绝的哺乳动物和鸟类，大约75%是生活在岛屿的物种。

（二）物种多样性

物种多样性，作为生态系统多样性的基石，不仅是生态系统稳定与繁荣的关键，更是衡量生态系统韧性的重要指标。正如"铆钉"理论所生动阐述的，生态系统中每一个物种都如同飞机机翼上的铆钉，单个看似微不足道，一旦失去，整个系统的稳定性便岌岌可危。每个物种的灭绝都会增加其他物种生存的风险，直至达到某个临界点，生态系统将面临崩溃的风险。

在我国丰富的自然生态中，这一现象尤为显著。以热带雨林为例，望天树作为森林中的"巨人"，不仅自身高大挺拔，还为众多其他植物提供了必要的荫蔽与庇护。一旦望天树被砍伐，依赖其生存的众多物种将直接面临生存危机，整个生态系统的平衡被打破。这一现象深刻揭示了物种间相互依存、共同维系生态系统稳定的重要性。

进一步而言，自然形成的物种多样性是生物与环境长期互动与适应的结晶。在极端环境下，如干旱、高寒、多风或荒漠地带，物种多样性往往受限，生态系统因此变得尤为脆弱。在这些区域，任何物种的损失都可能成为压倒骆驼的最后一根稻草，导致整个生态系统迅速瓦解。我国西北地区的例子便是明证，沙漠植被（如胡杨树、红柳）被破坏，直接加速了土地沙漠化的进程，最终使得原本就脆弱的生态系统彻底崩溃。

因此，保护物种多样性不仅是维护生态平衡的必要之举，更是保障地球生命系统持续健康发展的关键。我们需要深刻认识到物种间复杂而微妙的相互关系，以及它们在维持生态系统稳定中的不可替代作用，从而采取更加积极有效的措施来保护每一个物种，守护我们共同的地球家园。

（三）生物间的协调性

生态系统中，生物之间长期形成的协调共生关系，是维持生态系统整体性和稳定性的基石。这种协调性一旦被破坏，生态平衡将面临严重威胁。野兔在澳大利亚的泛滥与北美科罗拉多草原的狼群消失导致的鹿群过度繁殖进而破坏草原，便是这一原理的生动例证。

动物间的捕食与被捕食关系，作为自然界中最基本的相互作用之一，对调节种群数量、保持生态平衡至关重要。猛兽、蛇类及一些小型捕食者如黄鼠狼、狐狸等，在控制如老鼠等有害生物数量方面发挥着不可替代的作用。然而，由于人类活动如捕杀、栖息地破坏及农药污染等，这些生物的数量急剧减少，导致老鼠等有害生物迅速增殖，进而对生态系统造成巨大破坏。

在植物与动物的关系中，单一食性动物对特定植物的依赖尤为显著。以大熊猫与箭竹为例，大熊猫几乎完全依赖箭竹为食，箭竹的生长状况直接影响大熊猫的生存。因此，保护箭竹等单一食性动物的食料来源，对维护这些濒危物种的生存至关重要。同时，任何植物群落的变化，无论大小，都可能对依赖这些植物生存的动物种群产生连锁反应，进而影响整个生态系统的稳定。

综上所述，维护生物间的协调共生关系，是保护生态平衡的关键。我们应当尊重自然规律，减少对生态系统的干扰与破坏，通过科学合理的手段促进生物多样性保护，共同守护我们赖以生存的地球家园。

（四）环境因子的匹配性

生态系统的完整性不仅体现在生物组成上，还涵盖了无生命的环境因子，这些环境因子共同构成了生态系统的基石。其中，土壤、水和植被作为生态系统的三大支柱，其相互之间的匹配程度直接决定了生态系统的兴衰。水作为环境匹配性的首要因素，其充足性、均匀性、及时性以及水质优良与否，均对生态系统产生深远影响。而土壤的影响则更为复杂，氮、磷、钾等元素的合理配比、土壤的结构特性及有机质含量等因素，共同作用于生态系统的健康与稳定。

在维持生态系统功能及其稳定性的过程中，生态过程扮演着至关重要的角色。这其中，物质的循环与能量的流动是两大核心过程。这两大核心过程的顺畅进行是生态系统持续运作的关键，任何对它们的削弱或打断都可能导致生态系统的恶化乃至崩溃。

为了保持生态系统的物质循环不中断，我们必须确保任何元素或物质在从系统中移出后，都能得到及时且有效的补充。以农田生态系统为例，当作物收获时，土壤中的养分随之被带走，此时就需要通过施肥来补充这些养分，以维持土壤肥力和作物产量。同样地，当某地的植被因开发建设活动受到破坏时，我们也需要通过人工种植绿色植被来弥补这一损失，从而保持生态系统的物质循环得以持续。

另一方面，能量流动是生态系统中的另一项基本过程。太阳能通过光合作用被植物转化为化学能并储存起来，随后这些能量沿着食物链在植物、动物和微生物之间传递。在这个过程中，绿色植物作为能量流动的起点和核心，其保护显得尤为重要。只有确保绿色植物的繁茂生长，才能为整个生态系统提供源源不断的能量。

保持生态系统结构的完整性需要综合考虑生物、土壤、水和植被等多方面因素，并特别关注生态过程中物质循环和能量流动的顺畅进行。只有这样，我们才能确保生态系统的持续稳定与健康发展。

二、重视生态系统的再生、恢复与制约能力

生态系统，作为自然界的复杂网络，展现出了强大的再生与恢复能力。这种能力的强弱往往与生态系统的层次和结构复杂度紧密相连。层次丰富、结构复杂的生态系统，通常更加稳定，面对外界干扰时，其自我调节与恢复功能也更为强大。相反，结构单一、层次简单的生态系统则显得尤为脆弱，一旦遭受外力冲击，其恢复能力往往较弱。

生态系统的再生与恢复能力，从根本上讲，是由生物的生殖潜力与环境的制约能力共同决定的。生物的生殖潜力是生态系统恢复的重要驱动力，尤其是那些位于生物链底层的生物，如昆虫和老鼠，它们具有惊人的繁殖能力，即便面对人类的种种干预，仍能迅速恢复种群数量。然而，位于食物链顶端的生物，如鸟类，其生殖潜力相对较小，且受到更多环境因素的制约。

环境的制约能力同样不容忽视，它既包括无机环境的限制，如水分短缺、种子萌发条件不足、栖息地狭小等，也包括生物天敌的存在与数量变化。这些制约因素共同作用于生态系统，影响着其再生与恢复的速度与程度。

然而，人类活动往往成为破坏生态系统稳定性的重要因素。过度开发与利用生物资源，不仅导致特定生态系统的恶化与崩溃，还进一步加剧了对其他生态系统的压力，形成了恶性循环，最终威胁人类经济社会的可持续发展。

因此，为了保障人类社会的长远利益，我们必须审慎对待可再生资源的利用问题。一方面，我们要严格控制开发与获取的规模与强度，确保其在资源再生产的速率之内，避免过度消耗导致的资源枯竭；另一方面，我们要积极推动生物资源利用方式的多样化与创新，以减轻对单一资源的过度依赖。同时，改善生态环境、提升生物资源的生产力也是至关重要的措施之一。通过这些努力，我们有望实现人类与自然界的和谐共生与可持续发展。

三、保护生物多样性应遵循的原则

尽管生物多样性涵盖遗传多样性、物种多样性和生态系统多样性三个层面，但公众与决策者的关注点往往集中在易于观测并采取行动的动植物物种多样性保护上，特别是物种的濒危与灭绝问题。导致动植物物种灭绝的主要原因在于人为活动，如滥砍滥伐、过度开垦、湿地围垦以及过度捕捞和猎杀等。野生生物贸易，如象牙、犀牛角、麝香的非法交易，更是加速了特定物种的濒危与灭绝。此外，国内屡禁不止的野味消费也严重威胁着动物种群的存续。

为了有效保护生物多样性，建立自然保护区被视为关键措施，然而其效能尚待提升。为此，我们应遵循以下基本原则。

（一）防止物种濒危和灭绝

针对物种大规模灭绝的风险，需采取紧急措施，如设立自然保护区、实施捕获繁殖、重新引种，以及建立种子、胚胎和基因库等，以保存物种及其遗传资源。

（二）保障生态系统的完整性

这包括维护生态系统的类型、结构及组成的完整性，并保障生态过程的正常运行。鉴于生态因子间的紧密联系，生物多样性保护应全面覆盖所有物种及其相互关系，同时保护非生物因子，确保其对生态系统的支持作用不被削弱。

（三）防止生境破坏

生境破坏是野生动物面临的最大威胁之一。防止生境被分割、缩小、破坏或退化，特别是避免高生物多样性生态系统向低生物多样性系统的转变，是保护工作的重点。同时，我们需警惕，不可将大片连续生态系统分割成孤岛状，以免造成生物多样性的急剧下降。

（四）保持生态系统的自然性

人为干预过多会损害自然保护区的自然性，进而影响生物多样性。因此，我们应尽量减少对生态系统的"改善"或"建设"，让生态系统自然发展，以保护物种间关系、演化过程及生态过程的完整性。

（五）可持续地开发利用生态资源

生态资源对社会经济发展至关重要，但其开发利用方式必须可持续。例如，通过综合利用森林的非木材产品而非单一砍伐木材，可实现更高效且持久的资源利用。农业上，保持品种多样性也有助于提升生态系统稳定性。此外，控制外来物种入侵、维护自然水文条件等也是保护生物多样性的必要措施。

（六）恢复被破坏的生态系统

对已受损的生态系统，我们应通过模仿自然群落的方式重建生物群落。虽然这一过程作用有限，但有助于减轻对剩余原生生境的压力，并为人类重新利用提供可能。在陆地生态系统中，恢复森林植被尤为关键，因其具有强大的环境功能和很高的生物多样性保护价值。

四、需要重点保护的生态系统及生境

在地球上，有一些生态系统孕育的生物物种特别丰富。这类生态系统的损失会导致较多的生物灭绝或受威胁，还有一些生境，生存着需要被特别保护的珍稀濒危物种。这些生境都是必须重点保护的对象。

（一）热带森林

热带森林以其丰富的生物多样性而闻名于世，尤其是植物与动物种类的繁多令人惊叹。以亚马孙热带雨林为例，每公顷热带雨林内，胸径超过 10 厘米的树种数量竟可达到惊人的 300 种，这充分展示了热带森林作为地球上生物多样性的宝库地位。

在我国，尽管热带森林的分布相对有限，主要集中在海南和云南等地，但这些地方的生物多样性同样极为丰富，与世界其他热带森林区域相媲美。然而，令人担忧的是，这些宝贵的自然资源正面临着多方面的威胁。

游牧农业、采薪伐木以及商业性采伐活动，不断侵蚀着热带森林的边界。这些活动不仅直接减小了森林的面积，还破坏了森林生态系统的平衡，影响了众多物种的生存环境。此外，随着经济的发展和人口的增长，开发建设项目和农业开垦等活动也日益增多，进一步加大了热带森林面临的压力。

为了保护这些珍贵的热带森林资源，我们需要采取更加有力的措施。加强法律法规的制定与执行，严厉打击非法采伐和破坏森林资源的行为；推广可持续的农业和林业发展模式，减少对森林的依赖；同时，我们应提高公众对生物多样性保护的认识和参与度，共同守护我们赖以生存的绿色家园。

（二）原始森林

我国现存的原始森林已寥寥无几，因此它们显得尤为宝贵。这些珍贵的原始森林大多隐匿于幽深的峡谷或挺立于险峻的山巅，其不仅是自然界中生物多样性的宝库，更是科学研究不可或缺的宝贵资源。然而，这些原始森林正面临着前所未有的挑战与威胁。

商业性砍伐是人类活动对原始森林造成破坏的主要原因之一。为了追求经济利益，不法分子不惜砍伐大片原始森林，导致森林面积急剧减少，生物栖息地丧失，物种多样性受到严重威胁。此外，随着人类活动的不断扩张，越来越多的原始森林被开发利用，道路网络的延伸使得原本人迹罕至的森林地带变得易于到达，进一步加深了原始森林的被破坏程度。

水陆交通的便捷虽然促进了经济发展和社会进步，但同时也成了原始森林消失的重要因素。交通的便利使得更多的人类活动得以深入原始森林腹地，无论是旅游探险、资源开采还是其他形式的开发利用，都在不断侵蚀着这片宝贵的绿色家园。

因此，保护原始森林已刻不容缓。我们需要采取更加严格的保护措施，加大对商业性砍伐和非法开发的打击力度，同时加强公众教育，提高全社会对原始森林保护重要性的认识。只有这样，我们才能确保这些珍贵的自然资源得以延续，为后代子孙留下宝贵的生态遗产。

（三）湿地

湿地，作为开放水体与陆地之间的独特过渡带，其生态系统兼具自然与人工的双重特性，范围广泛且功能多样。根据国际公认的定义，湿地涵盖了沼泽、泥炭地、水域等多种形态，无论是自然形成还是人工构造，静止或流动，淡水、半咸水乃至特定条件下的咸水区域，甚至包括退潮时水深不超过 6 米的近海区域，均被纳入湿地的范畴。尽管这一定义广泛，却也恰如其分地反映了湿地的多样性和复杂性。

湿地不仅是众多水生植物的理想栖息地，也是水鸟等生物的乐园，更是许多鱼、虾、贝类繁衍与觅食的重要场所。其生产力之高令人瞩目，每平方米湿地平均能产出可观的动物蛋白量，为自然界提供了丰富的生物资源。此外，湿地还承载着储蓄水源、调节小气候、处理废弃物以及净化水质等多重生态环境功能，是自然界中不可或缺的"绿色肺脏"。

红树林湿地作为湿地生态系统中的一个典型代表，因其独特的生态价值而备受关注。红树林不仅能够抵御风浪侵袭，保护海岸线的稳定，还为人类提供了宝贵的木材资源和化工原料。同时，红树林还是众多海洋生物繁殖与成长的摇篮，对维护海洋生态平衡具有重要意义。

然而，随着人类活动的不断扩张，湿地正面临着前所未有的压力。过度的开发利用，如将湿地开垦为农田、填埋用于城市建设或工业用地、截断水源导致湿地干涸、转变为人工养殖场等，都严重破坏了湿地的生态环境。此外，乱砍滥伐等不当行为也加剧了湿地生态系统的退化。因此，保护湿地、维护其生态平衡已成为当务之急，需要全社会共同努力，采取切实有效的措施来应对这些挑战。

（四）荒野地

荒野地，这一片广袤的土地由自然力量主导，尚未受到人类活动的大幅改变。这里没有固定的居住区，没有繁忙的道路网络，也未经历高强度的耕作或连续的放牧。荒野地，作为人类尚未完全涉足的自然领域，是野生生物珍贵的栖息地，它们在这里得以自由繁衍，成为地球上不可多得的"生态孤岛"和避难天堂。荒野地的生态学价值独一无二，它对于维护生物多样性、保持生态平衡具有不可替代的作用。

然而，荒野地正面临着前所未有的压力与挑战。随着人口的不断增长和经济活动的持续扩张，荒野地正遭受着日益严重的蚕食与破坏。石油、天然气等矿产资源的开采活动，不仅破坏了荒野地的原始风貌，还可能对地下水资源和生态环境造成长远影响。此外，公路、铁路等基础设施的建设，如同锋利的刀刃，将原本连续的荒野地切割得支离破碎，严重影响了野生生物的迁徙与生存。

狩猎、采集和采伐活动，虽然在一定程度上满足了人类的需求，但也对荒野地的生态平衡构成了威胁。这些活动可能导致某些物种数量锐减，甚至濒临灭绝，破坏了荒野地的生物多样性。更为严重的是，由于缺乏正确的认识和保护意识，一些盲目的开发行为正在悄然发生，对荒野地造成了不可逆转的损害。

因此，我们必须深刻认识到保护荒野地的重要性与紧迫性。通过加强法律法规建设、提高公众环保意识、推动可持续发展模式等措施，共同守护好这片珍贵的自然遗产，让荒野地成为地球上永恒的绿色明珠。

（五）珊瑚礁和红树林

珊瑚礁和红树林是海洋中生物多样性最高的地方之一，又是保护海岸防止侵蚀的重要屏障。珊瑚礁因其具有较高的直接使用价值，所以受到破坏的可能性很大。

第三节　自然保护区

一、自然保护区概述

（一）自然保护区的类型

自然保护区被细致地划分为以下十类，其中最后两类是与其他类别存在重叠的国际性保护区域。

绝对自然保护区/科研保护区：专注于保护自然界的原始状态，确保自然过程不受人为干扰，为科学研究、环境监测及教育提供具有代表性的自然环境样本，同时维护遗传资源的动态演化。

国家公园：旨在保护具有国家乃至国际重要性的自然区域和风景名胜，这些区域通常保持了大面积的自然原貌，较少受到人类活动的影响。

自然纪念物保护区/自然景物保护区：特别关注并保护那些具有非凡意义或独特美学价值的自然景观，以保留其原始风貌和独特性。

受控自然保护区/野生生物保护区：专注于保护具有重要生态价值的生态系统、生物群落及物种，确保它们得以在适宜的栖息环境中持续生存。

保护性景观和海景：这类保护区不仅强调自然景观的保护，还注重人与自然的和谐共存，通过维护地区特有的生活方式、娱乐及旅游活动，为公众提供享受自然美景的机会。

自然资源保护区：旨在保护和储备多种或综合自然资源，预防并限制可能对自然资源造成不利影响的开发活动，促进自然资源的可持续利用。

人类学保护区/自然生物保护区：关注偏远地区部落民族的生存环境，保护其传统资源开发方式，维护当地文化和生态的多样性。

多种经营管理/资源经营管理区：这类区域通常涵盖广泛的自然资源利用，如木材生产、水资源管理、草场放牧及野生动物保护等。在规划经营中注重保护物种多样性和生态平衡，确保资源的永续利用。

生物圈保护区：着眼于维护生态系统中动植物生物群落的多样性和完整性，保护物种遗传多样性，以确保生物的持续演化和未来的可持续利用。

世界自然遗产保护区：旨在保护具有全球意义的独特自然和文化区域，这些区域展现了地球自然演化的杰出范例，对科学研究、教育和公众欣赏等具有不可替代的作用。

（二）自然保护区的等级划分

保护区的分类体系可以精炼地归纳为以下六个等级，每个等级都有其特定的保护目标和管理原则。

Ⅰ类保护区（严格自然保护区）：专注于科学研究、环境监测、教育以及保护遗传资源，确保自然过程不受外界干扰。此等级的保护区旨在维护生态系统的原始状态和自然演化。

Ⅱ类保护区（自然公园）：针对国内或国际上具有重要意义的自然区域和风景区，通常面积广阔且保持自然原始状态，严格限制人类活动，不允许从中获取自然资源，以保护其科研、教育价值。

Ⅲ类保护区（自然地标保护区）：专注于保护具有独特风格或重要自然特征的山峰、地标等，面积相对较小，仅对特定自然特征实施保护。

Ⅳ类保护区（生境与物种管理区）：旨在就地保护关键物种、生物群落及其生态环境特征，通过人工管理手段维护其自然条件，同时允许在不影响保护目标的前提下，适度采集某些资源。

Ⅴ类保护区（自然景观与海洋景观保护区）：保护具有重要自然美景的区域，强调人与自然的和谐共存，支持休闲、旅游等活动，同时保持传统的土地利用模式和文化景观。

Ⅵ类保护区（资源管理保护区）：在保护生物多样性的同时，强调自然资源的可持续利用，为当地居民提供必要的自然产品和服务。此类保护区面积较大，自然系统保持完好，鼓励传统和可持续的资源利用方式。

关于我国自然保护区的层级划分，主要依据其重要性分为国家级、省（市）级、市级、县级四个级别，这种划分有助于更好地实施分级管理和保护策略。

二、自然保护区的确定依据

在选择确定自然保护区时，需综合考虑区域的多个关键要素，以确保所选区域能够有效保护自然生态系统和生物多样性。一般而言，应满足以下条件。

代表性：选取的自然保护区应能代表不同自然地带内具有典型特征的生态系统及自然综合体。若原生生态系统已不复存在，则应选择具有代表性的次生生态系统作为替代。

生物多样性：保护区应包含区域特有的、珍稀的或全球范围内濒危的生物种类及其生物群落集中分布的区域，以维护物种的多样性。

科学价值：所选区域应具备重要的科学研究价值，如包含具有显著地质、地貌、古生物学或植物学意义的自然历史遗迹。

生态平衡：保护区在维护地区生态平衡方面应发挥关键作用，特别是那些对维护区域乃至全球生态平衡具有特殊重要性的地区。

成功经验：优先考虑那些在自然资源的可持续利用与保护方面已有成功经验的地区，这些地区不仅能提供科学研究或观赏价值，还可能带来显著的经济效益。

在具体规划保护区网络时，建议采取区域划分的方法。首先，将全国划分为若干生态或地理区域；其次，在每个区域内，根据主要生物群落类型，识别并挑选出具有代表性和特殊保护价值的区域作为潜在的保护区候选地。这样的分区策略有助于确保保护区的布局合理、覆盖全面，从而更有效地实现生物多样性和自然生态系统的全面保护。

三、自然保护区的功能分区

一个典型的自然保护区，其空间布局通常精心规划为三个主要区域：核心区、缓冲区和实验区，每个区域因其独特的生物多样性、地位和功能而采取不同的保护与管理策略。

核心区是自然保护的核心，这里保存着最为完好的原生性生态系统，是珍稀濒危动植物的集中栖息地。核心区的首要任务是保护完整的、具有代表性的生态系统及其自然演化过程，确保被保护对象能够持续生存并繁衍。因此，核心区的面积需足够大，以形成一个有效的生态保护单元。在核心区，人类活动的限制极为严格，主要限于必要的物种监测与生态评估，严禁任何形式的资源采集或标本收集，且科研活动的频率与规模也需严格控制，以最大限度减少对自然状态的干扰。

缓冲区紧邻核心区，扮演着生态屏障的角色，旨在减轻外界人为活动对核心区的潜在影响。这一区域自然景观逐渐过渡到受人类活动影响的区域，其生物群落与核心区相似或为其组成部分。缓冲区的宽度依据保护区的具体需求与保护对象的特性而定，一般建议宽度不小于500米，以确保足够的保护效能。在缓冲区，虽然允许我们进行一定程度的科学研究，包括有限度的采样与标本收集，同时也支持低强度的生态旅游活动，但所有活动均需在确保不对核心区造成负面影响的前提下进行。

实验区则位于核心区和缓冲区的外围，这里可能包含原生或次生的生态系统片段，以及人工生态系统或待开发的荒山荒地。实验区的特殊之处在于，它不仅是自然保护区的一部分，还承担着探索自然资源保护与可持续利用相结合路径的重任。在此区域内，可以开展一系列旨在促进资源合理利用的活动，如幼林抚育、次生林改造、林副产品开发、荒山绿化以及动物驯养与保护等。这些活动不仅有助于保护自然资源与生物多样性，还能促进当地社区的经济社会发展，成为实现区域可持续发展的示范样板。通过将自然保护区融入地区发展规划，实验区展现了生态保护与经济发展双赢的可能性。

自然保护区功能分区应遵循下述原则。

（一）保护至上原则

在自然保护区的管理中，无论是核心区、缓冲区还是实验区，其首要且统一的目标是保护。核心区专注于纯粹的自然保护，缓冲区提供科学研究的场所，而实验区则旨在探索保护与发展的和谐共存之道。尽管各区功能各异，但保护对象的持续生存始终是核心使命。实验区内虽允许适度的人工设施，但这些设施必须严格限制于必要的基础设施之内，而与保护无关的商业、旅游设施则应远离保护区，以确保其生态纯净性。

（二）保证核心区完整原则

核心区的自然景观应保持其原始多样性和完整性，作为野生生物的理想栖息地。面对可能存在的栖息地退化问题，我们应采取积极措施，将退化的碎片区域纳入整体保护规划，通过生态恢复手段，这些区域重新焕发生机，从而构建一个没有生态空洞的完整核心区，保障野生生物种群的持续繁衍。

（三）实验区的可持续发展原则

实验区承载着保护与发展的双重使命，其管理策略的制定需更为精细与前瞻，以确保保护区的长期可持续发展。实验区的面积与位置应根据自然资源的特点、利用潜力及限制条件灵活调整，而非固定不变。在此区域内开展的所有科研与试验活动，均应以保护目标为导向，对活动的规模、类型及强度实施严格监管。同时，可借鉴生物圈保护区的理念，考虑在实验区外围设立保护地带，对带内的生产活动进行科学规划，从而有效拓展保护区的实际保护范围，促进自然保护区与自然、社会的和谐共生。

第四节　环境监测与评价技术应用

一、环境监测概述

（一）环境监测概述

环境监测，作为环境科学体系中的关键分支，专注于深入研究与量化环境质量状况。该领域通过运用物理学、化学及生物学等多学科手段，对影响环境质量的各类因素进行系统性监测、观察与追踪，旨在精确评估环境质量水平及其动态变化趋势。

值得注意的是，单一污染物在特定地点、时点的检测数据，虽能提供一定参考，却远不足以全面反映环境质量全貌。为了获得准确的环境质量评价，必须实施空间与时间上更为广泛的监测，综合考量多种污染因素与环境条件，通过对海量监测数据的深度分析与整合，方能得出全面而科学的结论。

随着环境科学的持续进步与新兴环境问题的不断涌现，环境监测的内涵亦在不断丰富与拓展。一方面，监测视野从最初的污染源监控逐步延伸至整个生态系统的健康状况评估；另一方面，得益于监测技术与方法的日新月异，环境监测活动正向着微观（如分子、基因水平）与宏观（如全球气候变化监测）两个极端方向同步深化，展现出前所未有的广度与深度。

环境监测的基本流程严谨而系统，通常包括明确监测目标、现场勘察与资料收集、设计监测方案、优化监测点位布局、样品采集、安全运输与妥善保存、实验室分析测试、数据处理与统计分析，直至最终的综合环境质量评价等多个关键环节，每一个环节都紧密相连，共同构成了环境监测工作的完整链条。

（二）环境监测的目的和分类

1. 环境监测的目的

环境监测的目的在于精确、迅速且全面地揭示环境质量现状及其未来走向，从而为环境保护的多个关键环节提供坚实的科学支撑。具体而言，其目的可归纳如下。

①评估与预测环境质量：通过环境监测，验证并判断当前环境质量是否符合国家既定的环境质量标准，并进一步预测未来环境质量可能的变化趋势，为环境保护策略的制定提供前瞻性指导。

②污染源追踪与污染控制：基于污染物的特性、分布格局及环境条件，深入追踪污染源，研究并揭示污染变化的内在规律，为实施有效的环境监督管理和污染控制策略提供关键依据。

③积累环境本底数据：持续收集并积累环境监测的基础数据，这些宝贵资料对于保护人类健康、合理利用自然资源至关重要。同时，它们也是准确评估环境容量、实施污染物总量控制及目标管理的核心依据。

④研究污染扩散模式：深入探究环境污染因子的传播与扩散机制，建立科学的污染扩散模型，为新增污染源的环境影响评估及未来环境状况预测提供坚实的理论基础。

⑤支撑环境政策与规划：环境监测成果直接服务于环境法规与标准的制定，为环境影响评价、环境规划及环境污染综合防治策略的构建提供不可或缺的实证依据，确保环境保护工作的科学性、合理性与有效性。

2. 环境监测的类型

环境监测可按照其监测目的或者监测介质对象进行分类，也可按照专业部门或者监测区域进行分类。

（1）按监测目的分类

①监视性监测：此类监测，亦称为例行监测或常规监测，是环境监测工作的基石，其特点在于长期、定期地对预设项目进行观测，旨在明确环境质量现状及污染源动态，评估污染控制措施的有效性，衡量环境标准的执行情况，以及追踪环境保护工作的进展。它涵盖了污染源监督监测与环境质量监测两大方面。前者聚焦于主要污染物的定时定点检测，以捕捉污染源排放特征，估算污染物负荷；后者则通过建立广泛的监测网络，持续收集数据，以评估环境污染现状、趋势及改善成效，全面把握区域乃至国家的环境质量，包括空气、水体、噪声、固体废物等多方面的监测。

②特定目的监测：这类监测根据具体需求细分为污染事故监测、纠纷仲裁监测、考核验证监测及咨询服务监测。污染事故监测，特别是在面对突发性环境污染事件时，需迅速响应，确定污染物种类、危害范围及扩散趋势，为应急处理提供关键信息；纠纷仲裁监测则为解决污染纠纷、环境执法矛盾提供公正数据支持，通常由权威机构执行；考核验证监测则覆盖人员技能考核、方法验证、项目环评、排污许可审核、"三同时"项目验收及污染治理成效评估等多个方面；咨询服务监测则面向政府、科研单位及企业，提供定制化的环境监测服务，如环境影响评价等。

③研究性监测（科研监测）：此类型监测服务于深入的科学研究，旨在通过系统的观测与分析，揭示污染机制，探索污染物的迁移转化规律，评估环境污染程度。鉴于其复杂性与跨学科特性，研究性监测要求高度的专业知识与周密的规划，往往需要多学科团队的紧密合作方可实现。

（2）按监测介质对象分类

按监测介质对象，环境监测可以分为水质监测、空气监测、土壤监测、固体废物监测、生物监测、噪声和振动监测、电磁辐射监测、放射性监测、热监测、光监测、卫生（病原体、病毒、寄生虫等）监测等。

（3）按专业部门分类

按专业部门，环境监测可以分为气象监测、卫生监测、资源监测等。

（4）按监测区域分类

按监测区域，环境监测可以分为厂区监测和区域监测。

二、环境影响评价概述

（一）环境影响及环境影响评价制度

环境影响，简而言之，指的是人类活动对环境产生的直接作用及其后续导致的环境变化，并进一步触发的对人类社会结构与经济运行的广泛效应。这一过程不仅涉及人类行为对环境造成的正面或负面影响，也涵盖了环境状态变化对人类社会的回馈作用，这些效应可能是积极的促进，也可能是消极的阻碍。

环境影响评价制度，则是国家以法律形式确立的，旨在规范与调整环境影响评价活动的一套机制。该制度的核心在于其强制性和权威性，它要求所有组织、机构、团体及个人在从事可能影响环境的活动前，必须遵循既定的评价流程与标准，对潜在的环境影响进行全面、科学的评估。违反此制度者，将依法承担相应的法律责任，体现了国家对环境保护的严格态度与坚定决心。

（二）环境影响评价的重要作用

1. 确保经济布局的合理性

合理的经济布局是环境与经济可持续发展的基石，而不当布局则是环境污染的主要诱因之一。环境影响评价通过全面审视不同选址与布局方案对区域环境的潜在影响，进行科学比较与评估，旨在选出最优方案，确保建设项目既符合经济效益，又兼顾环境保护，实现选址与布局的最优化。

2. 保证环保措施的合理性

鉴于建设项目往往伴随资源消耗与环境污染，环境影响评价针对具体项目特点，结合环境现状，通过技术、经济及环境可行性的综合考量，提出科学合理的环境保护对策与措施，为环保设计提供明确指导，强化环境管理效能，最大限度减少人类活动对环境的负面影响。

3. 引领区域经济与环保和谐共生

环境影响评价深入分析区域自然条件、资源禀赋、社会状况及经济发展动态，准确把握区域资源承载力、环境容量及社会发展潜力，为区域发展路径、规模、产业结构及空间布局的科学规划与决策提供依据，推动区域社会经济与环境保护的和谐共生。

4. 加速科学民主决策进程

环境影响评价将环境影响纳入决策初期考量，强调公众参与，广泛听取社会各界意见，确保决策过程公开透明、科学严谨，对促进决策民主化、科学化进程具有关键作用。

5. 激发环境科技创新活力

环境影响评价工作涵盖自然科学与社会科学多个领域，面临的实际问题不断挑战现有技术与方法，激发环境科学领域的创新热情，推动基础理论研究的深入与应用技术的突破，为环境保护提供强有力的科技支撑。

三、环境质量评价概述

（一）环境质量及其评价

环境质量，简而言之，是衡量一个具体环境及其构成要素对人类生存发展及社会经济活动适宜程度的综合指标。它反映了环境系统固有的本质属性，既可通过定性描述来把握，也能借助定量方法精确刻画环境所处的具体状态。

环境质量评价，则是对这一属性的价值评估，是对环境质量优劣的量化分析过程。它依据既定的评价标准和方法，针对特定区域内的环境质量进行详尽的说明、准确的评定以及前瞻性的预测，为环境管理决策提供科学依据。因此，进行环境质量评价是了解和掌握某地区环境质量状况不可或缺的手段。

当前，我国的环境质量评价实践主要依托国家颁布的环境标准或污染物的环境背景值作为评价基准。然而，随着社会的进步和技术经济的发展，环境质量评价的内容与视角也在不断拓展与深化。除了关注污染物对环境质量造成的直接影响外，评价工作还日益重视考察环境的舒适度，即人类活动空间在视觉、听觉、嗅觉等多方面的愉悦感受，力求构建一个更加全面、以人为本的环境质量评价体系。

（二）环境质量评价的类型

环境质量评价的分类对指导实际工作具有重要意义，它不仅明确了不同评价类型的重点与方法，还直接影响评价结果的精度与时效性。以下是从时间维度出发的环境质量评价分类。

1. 环境质量回顾评价

环境质量回顾评价旨在追溯并评估区域内过去某段历史时期内的环境质量状况。这一评价过程依赖历史数据资料，通过对该时期的社会背景、自然环境特征以及污染源变迁的深入调查与分析，揭示环境质量的动态变化过程，进而厘清导致环境问题的根源及其形成机制。此类评价有助于从历史视角理解环境质量演变，为当前及未来的环境管理提供宝贵的经验教训。

2. 环境质量现状评价

环境质量现状评价则聚焦于当前或近 3~5 年的环境质量状况，主要依据近期的环境监测数据进行分析。通过系统评估当前环境污染的实际状况，为区域环境污染的综合防治策略提供科学依据。此类评价强调数据的时效性与准确性，确保所制定的防治措施能够精准对接当前环境问题，有效提升环境治理效果。

3. 环境质量预测评价

环境质量预测评价，亦被称为环境影响评价，其核心在于评估新开展的建设项目或开发活动对未来环境质量可能产生的潜在影响。根据我国环保法规要求，所有新建、改建、扩建的大中型项目在启动前，均须进行环境影响评价，并编制详细的环境影响评价报告书。这一过程通过预测分析项目实施后可能带来的环境效应，为决策者提供前瞻性的信息支持，确保项目在环境保护与可持续发展之间找到最佳平衡点。

四、环境监测技术的种类

（一）化学分析法

化学分析法，作为一种基于特定化学反应的定量分析方法，主要分为质量分析法和容量分析法两大类，它们在环境科学领域具有广泛应用。

1. 质量分析法

质量分析法是一种通过精确称量来确定样品中待测组分含量的技术。其核心在于将待测组分从样品中有效分离，随后进行精确称重，进而根据质量计算出组分含量。这种方法因其直接依赖物质的质量，故而具有极高的准确性，相对误差通常保持在极低的水平。

质量分析法尤其适用于环境样品中常量组分的测定，如大气中的总悬浮颗粒、降尘、烟尘及生产性粉尘，还有废水中的悬浮固体、残渣、油类、硫酸盐、二氧化硅等。随着科技的进步，称量工具的精度不断提升，质量分析法也得以拓展其应用范围，例如，利用先进的微量测重技术来精确测定大气中的微小颗粒物（如飘尘）。

2. 容量分析法

容量分析法，或称滴定分析法，是一种通过标准溶液与待测溶液之间的化学反应来确定待测物质含量的方法。根据反应类型的不同，可分为酸碱滴定、氧化还原滴定、沉淀滴定、络合滴定等多种类型。选择恰当的指示剂对于减少滴定误差至关重要，是确保分析结果准确性的关键环节。

容量分析法以其操作简便、快捷、准确度高、适用范围广且成本相对较低的优势而广受青睐。然而，需要注意的是，由于灵敏度有限，该方法并不适用于极低浓度污染物的测定。尽管如此，在环境监测中，容量分析法仍然是分析常量及较高浓度污染物不可或缺的重要手段。

（二）仪器分析法

仪器分析法是根据污染物的物理和物理化学性质进行分析的方法，可分为光学分析法、电化学分析法、色谱分析法等。仪器分析法的特点是灵敏度高，适用于微量、痕量甚至是超微量的组分的测定；选择性强；响应速度快，容易实现连续自动测定；可以和有些仪器联用。但缺点是仪器的价格比较高，设备比较复杂。

1. 光学分析法

（1）分光光度法

分光光度法，亦称为吸收光谱法，是一种通过测量物质在特定波长下对光的吸收程度来进行定性和定量分析的方法。其理论基础根植于朗伯－比尔定律。该方法的显著优势在于其设备简易、操作便捷、灵敏度高，且能够广泛测定包括金属、非金属、无机及有机化合物在内的多种成分。

（2）原子吸收分光光度法

原子吸收分光光度法，又称原子吸收光谱法，专注于在待测元素的特征波长下，通过监测样品中该元素基态原子对特定光谱线的吸收情况，从而精确测定其含量。此技术亮点在于其高灵敏度、强选择性、优异的抗干扰能力、操作快捷简便及结果的高度准确性，尤其适用于环境中痕量金属污染物的检测，且所需仪器结构相对简单。

（3）发射光谱分析法

发射光谱分析法，亦称为原子发射光谱法，依据高压火花或电弧激发下原子发射的特征光谱进行元素分析。该方法不仅样品消耗量小，且选择性好，能在无须化学分离的前提下同时检测多种元素。然而，其局限性在于不太适合试样的独立分析，且设备构造复杂，对定量条件的要求较为苛刻。

（4）荧光分析法

荧光分析法利用物质在紫外光激发下发射荧光的现象进行定量或定性分析。根据荧光来源的不同，可分为分子荧光分析和原子荧光分析。分子荧光分析基于荧光强度与物质浓度之间的正比关系进行定量分析；而原子荧光分析则依据原子蒸气在辐射激发下荧光发射强度与基态原子数目的正比关系进行元素分析。荧光分析法的优势显著，包括设备简单、灵敏度高、光谱干扰少、线性范围宽以及可多元素同时测定等。

2. 电化学分析法

电化学分析法，作为一种基于物质在溶液中电化学性质的先进仪器分析方法，通过精确测定溶液中各种电化学参数来揭示物质的组成及其含量。该方法的显著优势体现在其高灵敏度、高精度、宽广的测量范围以及设备的经济性与简易性上，同时易于实现自动化与连续分析流程，极大地提升了分析效率与准确性。然而，我们也需注意到电化学分析法在选择性方面存在一定的局限性。

根据所测量的电学参数的不同，电化学分析法细分为多个具体技术分支。

电位分析法：通过测量溶液中电极电位的变化来分析物质的组成或浓度。该方法直接反映了溶液中离子活度的变化，适用于多种离子的定量分析。

电导分析法：基于溶液电导率（电阻率的倒数）与溶液中离子浓度之间的关系进行分析。通过测量溶液电导率的变化，可以推断出溶液中溶解物质的总量或特定离子的浓度。

库仑分析法：利用电解过程中电量与发生化学反应的物质质量之间的定量关系进行分析。通过精确控制电解过程并测量所需电量，可实现对物质的准确定量。

阳极溶出分析法：一个将待测金属离子在电解池中预先还原沉积在惰性电极上，随后改变电极电位使金属重新溶出并进入溶液的过程。通过测量溶出过程中的电流变化，可实现对痕量金属元素的高灵敏度分析。

极谱分析法：利用电解过程中扩散电流与溶液中待测物质浓度之间的线性关系进行分析。该方法特别适用于研究溶液中痕量物质的氧化还原反应动力学，以及测定这些物质的浓度。

　　每种电化学分析方法各有特色，适用于不同的分析场景与需求，共同构成了电化学分析领域丰富多样的技术手段体系。

3. 色谱分析法

　　色谱分析法，这一广泛应用的分离与分析方法，依据物质间在吸附力、溶解度、亲和力及阻滞作用等物理性质上的差异，实现对混合物中各组分的有效分离与鉴定。该方法的核心在于流动相与固定相的相互作用。依据流动相的不同形态，色谱分析法可细分为气相色谱分析与液相色谱分析两大类别，后者进而衍生出高效液相色谱分析、离子色谱分析、纸层析、薄层层析等多种技术分支。

　　气相色谱分析凭借其独特的优势——高灵敏度、卓越的分离效能、分析速度快、应用范围广、样品消耗少，并能与其他多种检测仪器无缝对接，已成为环境监测领域不可或缺的工具。该方法的核心在于利用被测物质汽化后，在气相流动相中的分配系数差异，通过固定相与流动相之间的多次分配过程，使各组分按序离开色谱柱，并通过信号分析精确测定各组分的性质与含量。

　　高效液相色谱分析，作为液相色谱技术的佼佼者，以其高压输液系统、快速的分析速度、高效的分离能力以及操作自动化等显著特点，赢得了科研与工业界的广泛青睐。该技术特别之处在于使用液体作为流动相，无须待测物质的气化处理，从而极大地拓宽了其适用范围。尽管高效液相色谱设备成本相对较高，但其独特的性能优势仍使其成为众多复杂样品分析的首选方法。

4. 生物监测法

　　生物监测法，作为一种深刻洞察环境健康状况的绿色评估方法，被誉为生态监测的先锋，它巧妙地利用了自然界中动植物作为"环境哨兵"的角色，通过细致观察它们在受污染环境中所展现出的微妙反应与适应性变化，来综合评估并直观展现环境质量的优劣。这种方法不仅直接触及了环境问题的核心，还以其全面性、实时性和直观性，成为衡量环境综合质量不可或缺的一环。

　　生物监测技术体系庞大且多元，每一种方法都如同精密的探针，深入探索环境污染与生物反应之间的复杂关系。指示生物法，通过选取对环境变化极为敏感的物种作为监测对象，它们的生长状况、繁殖能力乃至生存状态，都是环境污染程度的直接反映，为快速识别污染源及污染类型提供了重要线索。

　　现场盆栽定点监测法则是一种更为直观且易于操作的手段，通过在污染区域设置盆栽实验，模拟自然条件下植物的生长环境，定期记录并分析植物的生长曲线、叶片损伤、开花结实等生理生态指标，从而实现对区域环境质量的持续跟踪与评估。这种方法不仅有助于捕捉环境污染的动态变化，还能为环境治理提供直观的数据支持。

　　群落和生态系统监测法则是生物监测领域的高级应用，它超越了单一物种的局限，将视野拓展至整个生物群落乃至生态系统。污水生物系统法通过监测污水处理厂出水口或受纳水体中的生物群落结构变化，评估污水处理效果及水体自净能力；微型生物群落法则聚焦于微观世界，利用显微镜技术揭示水体、土壤等介质中微小生物的生存状态与群落演替规律，为环境质量监测提供了更为精细的视角；而生物指数法则通过构建一系列复杂的数学模型与指标体系，综合考量生物多样性、生物量、群落结构等多个维度的数据，量化评估生态系统的健康状况与稳定性。

综上所述，生物监测法以其独特的视角与丰富的技术手段，为我们揭示了环境污染与生物健康之间的深刻联系，为环境保护与可持续发展提供了强有力的科学依据。

第四章

水生态保护与修复技术

第一节　水生态保护与生物多样性保护技术

一、水生态保护与修复规划编制

（一）水生态保护与修复规划的核心

水生态保护与修复规划的核心在于确保流域生态系统的持续健康循环。这要求我们首先进行科学合理的生态分区划分，详细剖析各区域的水生态系统构成、关键生态敏感点的保护需求、主要生态功能的种类及其在地理空间上的展现特点。随后，通过深入剖析，精准识别当前面临的主要水生态挑战。基于这些洞察，我们需精心规划生态保护与修复的总体战略框架，并配套实施一系列针对性强、效果显著的对策与措施。这一过程不仅是对原有策略的深化与细化，更是对生态保护与修复工作的全面升级与优化。

（二）水生态保护与修复规划措施体系及类别

在深入的水生态状况评估基础上，我们依据生态保护对象与目标的独特生态学特性，结合水生态功能的具体类型与保护需求的详尽分析，构建了一套全面的水生态保护与修复规划措施体系。该体系涵盖五大核心类别，即生态需水保障、水环境保护、河湖生境维护、水生生物保护，以及生态监控与管理。

生态需水保障：作为河湖生态维护与修复的重中之重，此类别旨在确保特定生态保护与修复目标下，河湖水域内由地表与地下径流所支撑的生态系统能够获得充足且适宜的水资源，包括水质、水量及其动态过程的全面保障。具体措施涉及通过工程调度与精细的监控管理来稳固生态基流，并针对不同生态敏感区的特定需水过程与水位要求，设计并实施专门的生态调度与补水方案。

水环境保护：遵循水功能区保护标准，本类别聚焦于分阶段精准控制污染物排放，力求实现污水排放浓度与入河污染物总量的双重达标。对湖泊与水库而言，还需特别提出针对面源污染、内源污染及富营养化等问题的有效控制策略。

河湖生境维护：重点在于维护河湖的自然连通性与生境形态的多样性，同时实施对生境条件的精细调控。连通性方面，我们需全面考虑河湖的纵向、横向与垂向连接，以及河道的自然蜿蜒形态。生境形态维护则涵盖天然生境的保育、生境的重构、"三场"（产卵场、索饵场、越冬场）的保护，以及海岸带的修复与保护等工作。生境条件调控则涉及低温水下泄控制、过饱和气体管理以及水沙平衡的调控。

水生生物保护：其致力于维护水生生物基因的多样性、种群的稳定以及生态系统的平衡与健康发展。保护目标聚焦于水生生物多样性的保护及水域生态完整性的维护，通过整体性保护策略，确保水生生物资源与水域生态的和谐共生。

生态监控与管理：作为实施水生态保护与修复工作的关键支撑，本类别涵盖了监测、生态补偿及综合管理等多方面内容。它是实现水生态事前保护、规划实施监督及措施效果评估的重要手段。在此过程中，我们应特别重视非工程性措施的作用，通过加强法律法规建设、完善管理制度、制定技术标准、优化政策措施、加大资金投入、推动科技创新、深化宣传教育及促进公众参与等方式，构建长效管理机制，确保水生态保护与修复工作的持续有效推进。

（三）生态修复与重建的常用方法

在生态修复与重建的复杂过程中，我们需全面考虑退化生态系统中非生物与生物因子的双重修复需求。因此，我们采用的途径与手段既融合了物理、化学工程的先进技术，也吸纳了生物、生态工程的自然智慧。

1. 物理法

物理方法以其高效、直接的特性，在迅速缓解生态系统胁迫压力、优化特定生态条件方面展现出显著优势。例如，我们在修复退化水体时，通过调控水流方向与水动力特征，以及实施曝气技术来提升水体溶解氧含量，从而为鱼类等关键物种的恢复营造适宜的生存环境。

2. 化学法

化学手段通过向土壤、水体等基质中引入特定化学物质，有效改善其物理化学性质，促进生物生长，进而推动生态系统的整体恢复。针对重金属等难降解污染物，我们可采用络合/螯合剂进行固定化处理，形成稳定无害的物质形态，显著降低其对生物体的毒性影响。

3. 生物法

生物法利用生物体自身的生命活动与环境交互作用，实现污染物的降解、转化与无害化处理，促进生态系统自我恢复能力的提升。微生物在污染物分解中的核心作用已获广泛认可，各类微生物制剂与复合菌剂广泛应用于水体与土壤污染的生态修复中。同时，植物通过吸收污染物、改善生境条件，为其他生物的回归创造有利条件；动物则在食物链构建、生态平衡维护等方面发挥不可或缺的作用。

4. 综合法

鉴于生态破坏的复杂性与多样性，单一方法往往难以全面应对。因此，综合运用物理、化学与生物等多种手段，形成协同修复机制，成为生态修复与重建的必然选择。以退化土壤修复为例，我们首先需深入诊断土壤退化根源，综合分析土壤物理、化学及生物特性，明确退化特征。随后，根据退化程度与特点，我们可灵活采用耕翻、填埋、调节物质添加等物理化学方法，控制并改善主要污染胁迫因子。在此基础上，我们可进一步引入微生物、植物等生物修复手段，深化土壤环境质量改善，全面恢复土壤生态系统的健康与活力。

二、生物多样性保护技术

（一）生物多样性丧失的原因

1. 栖息地的破坏和生境片段化

随着工业化和农业现代化的快速推进，人类活动对自然环境的干扰日益加剧，导致生物栖息地面积大幅变小，众多物种面临濒危甚至灭绝的严峻挑战。森林，作为地球上生物多样性最为丰富的宝库，其遭受的破坏尤为严重。不合理的森林砍伐不仅破坏了森林的连续性，形成了孤立的"生境岛屿"，加剧了边缘效应，恶化了原有的生态环境，还深刻改变了生物间的相互作用关系，增加了生物被捕食和寄生的风险，从而加速了部分物种的消亡。

此外，野味消费与奢侈品追求的不当盛行，更是对野生动植物资源构成了巨大威胁。许多珍贵野生动物因此遭受非法猎杀，而一些名贵的药用植物也因过度采集而濒临灭绝，如人参、杜仲、石斛等，其数量急剧减少，令人痛心。

与此同时，环境污染问题也不容忽视。大量排放的氮氧化物、硫氧化物、碳氧化物等，以及各类粉尘和悬浮颗粒，对动植物的生存环境造成了严重破坏。大气污染严重时，可直接导致动物中毒死亡；而水体污染引发的富营养化问题，则严重威胁着鱼类的生存。此外，土壤污染同样对生物多样性构成了巨大挑战，需引起高度关注。

综上所述，人类活动对生物多样性的威胁是多方面的，包括栖息地破坏、过度利用和环境污染等。为了保护我们共同的地球家园，维护生物多样性，我们必须采取行动，减少人类活动对自然环境的负面影响，促进可持续发展。

2. 资源的不合理利用

农业、林业、畜牧业、渔业以及其他领域的过度与不合理开发活动，直接或间接地削弱了生物多样性这一自然界的宝贵财富。自"绿色革命"以来，那些在产量或品质上表现出显著优势的作物品种迅速被广泛推广，这一过程如同双刃剑，一方面带来了产量的飞跃；另一方面却对本土品种构成了巨大冲击。以印度尼西亚为例，仅15年就有多达 1500 个当地水稻品种消失，这不仅是物种多样性的巨大损失，也预示着农业生产系统可能面临的脆弱性提高。随着作物种类的减少，那些与本土作物长期共存、共同进化的微生物、昆虫等生物群落也逐渐消失，如固氮菌等，它们的消失进一步削弱了农业生态系统的稳定性和韧性。

在林业领域，情况同样不容乐观。为了追求经济效益，人们往往倾向于快速且全面地转向种植单一优势种群的经济作物，这种做法不仅破坏了林地的生物多样性，还削弱了森林的自我恢复能力。

此外，在渔业和牧业领域，过度捕捞和超载放牧等掠夺性利用方式也对生物物种构成了严重威胁。水域中的鱼类资源因过度捕捞而难以恢复，牧区的草地也因超载放牧而退化，这些行为都严重干扰了生物物种的正常繁衍和生态平衡。

综上所述，人类在各领域的过度与不合理开发活动是生物多样性降低的主要原因之一。为了保护和恢复生物多样性，我们需要采取更加可持续和负责任的发展方式，尊重自然规律，促进生态平衡与和谐共生。

3. 生物入侵

人类有意或无意地引入一些外来物种，破坏景观的自然性和完整性，物种之间缺乏相互制约，导致一些物种的灭绝，影响遗传多样性，使农业、林业、渔业或其他方面的经济遭受损失。

4. 环境污染

环境污染对生物多样性的影响除了使生物的栖息环境恶化，还直接威胁着生物的正常生长发育。农药、重金属等在食物链中的传递严重危害着食物链上端的生物。

（二）保护生物多样性的策略

保护生物多样性，是一个多维度、多层次的复杂任务，它要求我们同时在遗传、物种及生态系统三个关键层面采取行动。保护策略的核心，一是针对珍稀濒危物种及其生态系统的严格保护；二是促进对资源丰富但可开发种类的可持续利用。具体而言，可以从以下几个关键方面着手。

1. 就地保护

这一策略的核心在于原地建立自然保护区、国家公园等自然保留地，旨在直接保护并恢复那些对物种存续至关重要的自然生态系统和野生生物。通过限制或禁止捕猎、采集等人类活动，我们为物种群体提供了必需的生存、繁衍与进化的空间。这种保护方式不仅维护了生物多样性，还确保了生态系统的完整性和稳定性。

2. 迁地保护

面对高度濒危的动植物物种，迁地保护成了一种紧急且有效的拯救手段。通过将部分种群迁移至适宜地点，并进行科学的人工管理和繁殖，我们能够显著扩大其种群数量，降低灭绝风险。植物园、动物园、迁地保护基地及繁育中心等，都是实施迁地保护的重要场所。近年来，我国在珍稀动物保存与繁育技术上的突破，如大熊猫、东北虎等的成功繁殖，彰显了迁地保护的显著成效。

3. 离体保存

在就地与迁地保护难以实施或不足以应对生物多样性危机的情况下，离体保存技术应运而生。这一策略通过建立种子库、精子库、基因库等设施，对物种的遗传物质进行长期、安全的保存。这种方式不仅能够有效抵御自然灾害、人为破坏等不可预见的风险，还为未来物种恢复、遗传改良等工作提供了宝贵的资源。通过离体保存，我们得以维护生物多样性的完整与稳定。

4. 养殖繁育与野化放归

我国对濒危野生动物的保护工作取得了显著进展，通过成功的养殖繁育与野化放归项目，如麋鹿、东北虎、野马的恢复计划，不仅为其生存带来了新的希望，也彰显了我国在生物多样性保护方面的努力与成就。

5. 其他策略和途径

为了更有效地推进生物多样性保护工作，我们还需要在多个层面采取措施。首先，健全和完善相关法律法规体系，为生物多样性保护提供坚实的法律保障。其次，我们可加大环境保护的宣传教育力度，提高公众的环保意识和参与度。最后，我们可加强科学研究和技术创新，运用遥感、地理信息系统、全球定位系统等先进技术手段，深入探索野生生物资源的分布、栖息地、种群动态等关键信息，为制定科学合理的保护策略提供科学依据。

在科学研究途径上，我们可以采取以下措施来推动生物多样性保护工作的深入发展：一是全面分析生物多样性现状，掌握其变化趋势和面临的挑战；二是对特殊生物资源进行深入研究，揭示其独特价值和保护意义；三是研究生物多样性保护与开发利用之间的平衡关系，探索可持续利用模式；四是继续实施生物种资源的就地保护和迁地保护策略；五是建立种质资源基因库，为物种恢复和遗传改良提供基础材料；六是研究环境污染对生物多样性的影响机制，提出有效的防控措施；七是加强自然保护区建设和管理，提升生物多样性保护的策略水平和科技含量。通过这些措施的综合实施，我们可以为生物多样性保护事业贡献更多的智慧和力量。

作为社会的一员，保护生物多样性是我们每个人不可推卸的责任和义务。这要求我们从自身做起，树立尊重生命、和谐共生的价值观，坚决抵制乱捕滥杀、乱砍滥伐等破坏生态的行为，拒绝食用野味，并通过各种渠道宣传保护物种多样性的重要性，积极参与到保护生态环境的行动中来。

第二节　湖泊生态系统的修复

一、湖泊生态系统修复的生态调控措施

治理湖泊的多元化策略涵盖了物理、化学、生物及综合方法，每种方法均旨在减轻湖泊内的营养负荷，抑制藻类过度繁殖，从而改善水质。

（一）物理与化学方法

在减轻湖泊内部磷负荷方面，研究者创新了多种技术手段。物理方法（如机械过滤）能有效拦截水体中的悬浮物和颗粒物，减少营养物质的输入；疏浚底泥则通过移除富含营养盐的沉积物来减轻内源污染；引水稀释则通过引入外部低营养水体，降低湖泊中的营养盐浓度。化学方法方面，使用杀藻剂能够直接控制藻类繁殖，而针对分层湖泊的沉积物，铝盐和铁盐等化学物质的施用能通过与磷结合形成不溶物，从而减少磷的排放。此外，通过水体循环干扰温跃层，增强水体与溶解氧及溶解物的混合，也是促进水质恢复的有效手段。

（二）优化水体滞留时间

湖泊的水"平衡"现象对于其营养供给、水体滞留时间及生态系统生产力具有深远影响。合理调控水体滞留时间是管理湖泊藻类生物量的关键。当水体滞留时间过短时，藻类无法充分积累；而适当的滞留时间既能保证植物所需的营养供应，又为藻类提供了吸收营养并生长的条件。因此，通过调整湖泊的入水与出水口位置、大小及数量，以及利用水闸、泵站等设施进行人工调控，可以优化水体滞留时间，使湖泊生态系统在营养输入与藻类生产之间达到平衡，从而预测并管理湖泊状态的变化趋势。

（三）水位调控

水位调控作为一种普遍采用的湖泊生态系统修复手段，其在促进鱼类活动、优化水鸟栖息地及提升水质方面的积极作用已得到广泛认可。然而，实际应用中，受娱乐需求、自然保护政策或农业灌溉等多种因素的制约，对湖泊进行水位调整或换水操作并不总是可行的。

自然与人为因素共同作用下，湖泊水位的变化往往牵涉诸多复杂因素，如水体浑浊度、水位波动的幅度、波浪的作用（受风速、沉积物种类及湖泊规模影响）以及水生植物种类等。这些因素交织在一起，使得水位变化对湖泊生态系统的影响变得难以精确预测。

尤为值得注意的是，水深与沉水植物生长之间的微妙关系。适宜的水深是沉水植物健康生长的关键。过深的水会限制光照穿透，影响植物进行光合作用所需的光能，

从而抑制其生长；反之，若水深过浅，则可能因水流扰动，沉积物频繁再悬浮，恶化底层环境，降低沉积物的稳定性，同样不利于沉水植物的生长。因此，在进行水位调控时，我们需综合考虑上述因素，力求找到维持湖泊生态系统平衡的最佳水深范围。

（四）水生植物的保护和移植

水生植物作为初级生产者，在生态系统中扮演着至关重要的角色。它们与水体中的其他生物共同竞争营养、光照及生长空间等资源，因此，水生植物的生长状况直接影响到富营养化水体的生态修复效果。通过促进水生植物的健康生长，可以有效吸收并转化水体中的营养物质，改善水质，恢复水生态系统的平衡。

为了有效保护水生植物，尤其是大型植物，免受水鸟等生物的取食威胁，围栏结构的应用成了一种可行的保护手段。这种结构不仅能够为水生植物提供一个相对安全的生长环境，减少外界干扰，还能作为鱼类管理策略的一种补充或替代方案。在围栏内，大型植物可以自由地生长和繁衍，无须担心被过度取食，从而有助于增加水生植物的数量，提高水体自净能力。

此外，植物或种子的移植也是促进水生植物修复的一种有效方法。通过将健康的水生植物或种子移植到受损的水域中，可以快速增大该区域的水生植物覆盖面，加速生态系统的恢复进程。这种方法不仅操作简单，而且成本相对较低，是富营养化水体生态修复的重要手段之一。

综上所述，水生植物的生长及修复对于富营养化水体的治理具有不可替代的作用。通过采取围栏保护、植物移植等措施，可以有效促进水生植物的生长，进而提升水体的自我修复能力，实现生态环境的可持续发展。

（五）生物操纵与湖泊管理

生物操纵作为一种生态调控手段，在湖泊管理中发挥着重要作用。其核心策略是通过减少以浮游生物为食的鱼类数量，或引入食鱼动物，以间接促进浮游动物种群的繁盛。这种调整使得浮游动物的体型增大、生物量增加，进而提高了它们对浮游植物的摄食效率，有效降低了浮游植物的数量，从而有助于改善水质和生态系统平衡。

在富营养化湖泊中实施生物操纵，初期往往能迅速观察到一系列积极变化。随着鱼类数量的减少，浮游植物生物量显著下降，水体透明度随之提升。小型浮游动物因减少了来自鱼类的捕食压力，其种群得以恢复，进一步促进了叶绿素与总磷比率的优化。这一过程不仅改善了水质指标，还通过营养水平的降低，为湖泊生态系统的自我恢复创造了有利条件。

针对浅层且分层明显的富营养化湖泊，实验表明生物操纵能显著减少总磷浓度，降幅可达 $30\% \sim 50\%$。改善后的光照条件促进了沉积物表面无机氮和磷的混合与释放，为水底微型藻类的生长提供了有利条件。同时，较高的捕食率限制了深水区水底藻类和浮游植物的过度沉积，而较低的捕食压力则促使水底动物活动增加，进而提升了沉积物表面的氧化还原作用，减少了磷的释放并加速了硝化–脱氮过程。

此外，底层无脊椎动物和藻类的共同作用有助于稳定沉积物，减少了风浪等因素引起的沉积物再悬浮现象。鱼类密度的降低不仅直接减轻了鱼类对营养物质的搅动和再分配作用，还间接减少了因鱼类活动而带动的磷元素迁移。值得注意的是，随鱼类迁移的磷含量在某些情况下甚至超过了湖泊的平均外部磷负荷的 20% ~ 30%，尽管这相对于富营养化湖泊庞大的内部磷负荷而言仍显不足，但已足以表明鱼类在湖泊磷循环中的重要角色。

（六）适当控制大型沉水植物的生长

在湖泊生态系统修复的过程中，尽管大型沉水植物的重建被视为重要目标之一，因为它们在净化水质、维持生态平衡方面发挥着关键作用，但密集的植物床在富营养化湖泊中的出现也可能带来一系列问题。例如，这些植物床可能会显著降低湖泊的娱乐价值，如影响垂钓体验，甚至妨碍船只的正常航行，给当地社区带来不便。

此外，生态系统内部的结构与功能还可能因入侵物种的过度繁殖而发生深刻变化。欧亚孤尾藻等外来物种在全球范围内的快速扩散就是一个典型的例子，它们在美国和非洲的许多湖泊中迅速占据优势地位，对本地植物种群构成了严重威胁，破坏了原有的生态平衡。

为了有效应对这些危害性植物带来的挑战，人们采取了多种策略。其中包括引入能够特异性取食这些植物的昆虫，如象鼻虫，以及食草性的鲤科鱼类，通过生物控制的方式减少其数量；定期进行植物收割，以控制其过度生长；使用沉积物覆盖技术，通过物理手段抑制植物的生长；调整湖泊水位，改变植物的生长环境；以及在必要时采用农药处理等方法。这些措施各有利弊，需要根据具体情况灵活选择和组合使用，以达到最佳的控制效果。同时，我们也需关注这些措施可能对湖泊生态系统产生的长期影响，确保修复工作的科学性和可持续性。

（七）贻贝类与湖泊的修复

贻贝类在湖泊生态系统中扮演着重要的角色，它们是高效的滤食者，能够在短时间内显著净化水质。特别是大型贻贝类，其滤食能力之强，有时甚至能在短期内将整个湖泊的水体过滤一遍，对提升水体透明度、改善水质具有不可小觑的作用。然而，贻贝类的生存状况却常受到环境因素的制约，比如在浑浊的湖泊中，由于能见度低，贻贝类的幼体阶段往往成为捕食者的目标，导致它们难以存活。

历史上，外来物种的引入也曾对湖泊生态系统产生深远影响。以 19 世纪斑马贻贝进入欧洲为例，当其在新环境中成功繁殖并形成一定数量后，斑马贻贝凭借其强大的滤食能力，显著提高了所在湖泊的水体透明度，这一变化不仅证明了贻贝类在改善水质方面的潜力，也凸显了外来物种可能对本土生态造成的复杂影响。

然而，贻贝类的过度繁殖也可能带来新的问题。在北美五大湖地区，由于缺乏天敌的有效控制，贻贝类种群达到了极高的密度。虽然这在一定程度上促进了水质的净化，但同时也导致了近岸带叶绿素与总磷比率的显著下降，这可能影响了其他水生生物的生长环境。更为严重的是，当大量贻贝类死亡并分解时，会释放出恶臭气体并污染水体，对整个湖泊生态系统的稳定性构成威胁。

因此，我们在利用贻贝类进行水质改善的同时，也需要密切关注其种群动态和对生态系统可能产生的长远影响。通过科学管理、合理调控贻贝类种群数量，确保其既能发挥生态服务功能，又不至于对生态系统造成不可逆转的破坏。此外，我们对外来物种的引入和管理也应持谨慎态度，避免类似斑马贻贝这样的生态问题再次发生。

二、陆地湖泊生态修复的方法

陆地湖泊生态修复的方法，总体而言可以分为外源性营养物种的控制措施和内源性营养物质的控制措施两大部分。

（一）外源性方法

1. 截断外来污染源的输入

针对湖泊污染与富营养化问题，其核心在于有效截断外来污染物的进入。首要任务是实施流域内废水与污水的集中处理，确保所有排放均达到环保标准，从而从源头上消除湖泊的主要污染源。同时，我们可加强对湖泊水源区域，特别是植被覆盖薄弱地区的生态保护，通过大规模植树造林与种草，提升植被覆盖率，以自然手段削减并净化产水区内的污染物，降低进入湖泊的水体污染负荷。鉴于面源污染广泛分布于农村地区或山区，控制难度较大，我们需采取综合措施，如推广生态农业、减少化肥农药使用等。此外，严格监管湖滨带周边的度假村、餐饮业，限制其发展规模，并确保其废水、污水处理达标排放。同时，我们可强化游客垃圾管理，特别是隐蔽区域的垃圾清理，规范渔业活动，实施退耕还湖政策，全方位保护湖泊周边生态环境。

2. 恢复与重建湖滨带湿地生态系统

湖滨带湿地作为水陆生态系统的关键过渡区域，其重要性不言而喻。它不仅承载着保持生物多样性、维护相邻生态系统稳定、净化水质、减轻污染等多重功能，更是构建人水和谐共生环境的重要基石。因此，应积极建立并恢复湖滨带湿地，通过引种与培育水生植物群落，利用其强大的截留、沉淀、吸附与吸收能力，有效净化进入湖泊的水体。这一过程不仅将显著改善水质，还能为两栖及水生动物提供适宜的栖息与繁衍空间，促进生物多样性的恢复。同时，精心设计的湖滨带湿地还能成为公众亲近自然、享受水生态之美的理想场所，实现生态效益与社会效益的双赢。

（二）内源性方法

1. 物理方法

（1）引水稀释

引水稀释是一种有效的湖泊水质改善方法，通过引入清洁的外部水源对湖水进行稀释和冲刷，从而降低湖内污染物的浓度，提升水体的自净能力。此方法特别适用于水资源相对丰富的地区，能够显著缓解湖泊的污染问题，但需谨慎评估引水来源的水质，以避免引入新的污染源。

（2）底泥疏浚

针对湖泊底部长期累积的富含营养物质的淤泥，实施底泥疏浚工程是减少内源污染、阻断营养物质循环的关键措施。这些淤泥不仅是水生生物的营养来源，其污染物的释放还可能加剧湖泊富营养化，甚至引发水华。然而，疏浚过程中需严格控制施工操作，避免底泥泛起造成的二次污染，并对疏浚的底泥进行科学处理，确保其不会对环境造成新的负担。

（3）底泥覆盖

与底泥疏浚不同，底泥覆盖技术旨在通过物理隔离的方式减少底泥中营养盐的释放。具体做法是在底泥表面铺设一层低渗透性的覆盖物，如生物膜或精选卵石，以抑制水流扰动引发的底泥翻滚，从而降低营养盐释放到水体中的风险。这种方法在提高湖水清澈度、促进沉水植物生长方面具有积极作用。然而，我们选择覆盖材料时需谨慎，确保其不会对湖泊生态环境造成负面影响，特别是要避免使用透水性过差的材料，以免破坏湖泊的自然生态平衡。

2. 化学方法

化学方法在处理湖泊污染时，是一种针对特定污染物特征，通过添加化学药剂并利用化学反应来去除污染物、净化水质的技术手段。针对不同类型的污染，化学方法提供了多样化的解决方案：

对于湖泊中常见的磷元素超标问题，可以通过向水中投加 $Al_2(SO_4)_3 \cdot 18H_2O$ 等铝盐类混凝剂，利用其与磷酸根离子的化学反应生成不溶性沉淀，从而有效去除水体中的磷。

当湖泊水体出现酸化现象时，可以通过投放熟石灰（氢氧化钙）等碱性物质，中和水体中的酸性成分，调节 pH 至适宜范围，恢复水体的自然平衡。

对含有重金属元素的污染水体，我们则常采用投放硫化钠等物质，通过形成不溶性重金属盐类沉淀的方式，将重金属从水相中去除。

对有机污染，特别是难以生物降解的有机物，我们可以通过向水中添加次氯酸钠、次氯酸钙、过氧化氢、高锰酸钾等强氧化剂，促使有机物发生氧化分解反应，转化为无毒或低毒的化合物，从而降低其环境风险。

然而，值得注意的是，尽管化学方法在处理湖泊污染时具有操作简单、见效快等优点，但其高昂的处理成本以及可能引发的二次污染问题也不容忽视。因此，在实际应用中，我们应根据湖泊污染的具体情况和治理目标，综合考虑各种因素，选择最合适的治理方案。同时，我们应加强监管和后续处理措施，确保化学药剂的使用不会对生态环境造成新的负面影响。

3. 生物方法

（1）深水曝气

面对湖泊富营养化导致的溶解氧降低及底层厌氧状态问题，深水曝气技术提供了一种有效的解决方案。该技术通过机械装置将深层湖水提升至水面进行曝气处理，或直接向水中注入纯氧或空气，以此增加水体中的溶解氧含量，改善厌氧环境为更适宜的好氧状态。这一技术有助于减少藻类过度繁殖，显著减轻水华现象，促进湖泊生态系统的自我恢复。

（2）水生植物修复

水生植物作为湖泊生态系统中的重要组成部分，其在净化水质、吸收富营养化物质方面发挥着不可替代的作用。通过科学规划与实施水生植物修复项目，如构建人工湿地系统、采用生态浮床技术以及前置库技术等，可以有效提升湖泊的自净能力。这些技术不仅要求精准选择适宜的水生植物种类，还需充分考虑湖泊现有水质、水温等条件，以确保修复效果的最大化。同时，我们应及时收割处理成熟的水生植物，防止其自然凋零腐烂造成二次污染，也是保障修复成效的关键环节。

（3）水生动物修复

利用湖泊生态系统中复杂的食物链关系，通过调整鱼群结构来实现水质改善，是水生动物修复技术的核心思想。根据湖泊的具体水质问题，有针对性地投放或发展特定种类的鱼类，以调控生物群落结构，从而实现对藻类及其他水生生物的合理控制。这种方法不仅成本低廉、无二次污染风险，还能带来额外的水产品收益。然而，在大型湖泊中实施时我们需谨慎考虑食物链的复杂性及潜在的生物入侵问题。

（4）生物膜

生物膜技术借鉴了自然界中河床附着生物膜的净化原理，通过构建表面积较大的天然或人工载体，利用其上富集的微生物群落对污染水体进行高效净化。这些微生物能够拦截、吸附并降解水体中的污染物质，显著提升水质。该技术以其独特的净化机制和高效的处理能力，在湖泊水质修复领域展现出了广阔的应用前景。

三、城市湖泊的生态修复方法

城市湖泊的生态修复的首要任务是精确计算湖泊的生态面积及确定其最适生态需水量，随后依据计算结果规划建设适宜面积的城市湖泊，并确保每年都能满足其生态需水量的供给。以下是城市湖泊的生态修复方法。

（一）清淤疏浚与曝气技术相结合

鉴于磷易沉积于底泥并持续释放导致富营养化，单纯的截污和水质净化措施不足以根治问题。因此，我们需采取清淤疏浚与曝气技术相结合的策略。首先，通过曝气或引入耗氧微生物改善底泥环境，减少厌氧条件下磷的释放；随后进行底泥清淤疏浚，直接去除富含磷等污染物的沉积物。

（二）构建湿生至水生植物的连续群落带

在湖泊疏浚后的区域，合理种植挺水植物（如黄菖蒲、水葱、萱草）和浮叶植物（如睡莲、荷花），同时在游船活动区域引入适宜的沉水植物（如野菱等）。这些植物的选择应基于乡土物种，根据水位波动和水深条件，形成湿生至水生植物的连续群落带。这些植物不仅能促进悬浮物沉降、提高水体透明度，还能有效吸收水体和底泥中的营养物质，改善水质，并丰富生物多样性，同时提升湖泊的景观价值。

（三）放养滤食性鱼类和底栖生物

通过放养鲢鱼、鳙鱼等滤食性鱼类，以及水蚯蚓、羽苔虫、田螺、圆蚌、湖蚌等底栖生物，利用它们的滤食和净化作用，进一步减少水体中的悬浮物污染，提升水体透明度。这些生物的存在有助于构建一个更加健康、稳定的湖泊生态系统。

（四）全面阻断外源污染

针对外源污染问题，必须采取果断措施，确保湖泊免受外界污染源的侵害。首要任务是彻底关闭所有通往湖泊的排污口，切断工业、生活、畜禽养殖等各类污染源的直接排放。同时，我们要确保现有污水处理厂的有效运行，并根据城市发展需求增建新的处理设施，科学规划布局，确保处理能力不低于甚至略高于城市的污染物产生量，实现所有污水达标排放。特别地，工业废水需经专门工业污水处理厂处理，生活固态废弃物则送往生活污染处理厂，而生活污水、畜禽养殖废水则需集中引入生活污水处理厂进行科学净化。

（五）实施湖泊水道连通工程

针对死水湖易导致水体滞流污染的问题，我们需实施湖泊水道连通工程，将死水湖转变为活水湖，通过增强水体流动性，促进污染物的稀释与扩散，实现自然净化。这一工程不仅有助于提升湖泊水质，还能强化其生态服务功能。

（六）建设雨污分流与雨水调蓄系统

为有效控制非点源污染，我们需大力推进城市雨污分流工程，将雨水与生活污水彻底分离，减轻污水处理厂负担。同时，我们可建设雨水调蓄系统，特别是地下初降雨水调蓄池，以收集并储存初期高污染雨水，随后集中送至污水处理厂处理，有效防止初期雨水对湖泊环境的二次污染。

（七）加强城市绿化带建设

城市绿化带在美化环境的同时，也承担着重要的生态修复功能。通过广泛种植乡土植物，构建多样化的绿化带体系，包括河滨、道路及湖泊外围绿化带，不仅能有效滞尘、吸尘，还能净化空气、保持水土，缓解城市"热岛"效应，促进生态平衡。选用本土植物种类多样，有助于降低生物入侵风险，提升生态系统的自我修复与调节能力。

（八）定期打捞水面漂浮杂物及水中悬浮物

为确保湖泊水面清洁，应设立专业打捞队伍，定期清理水面漂浮杂物及水中悬浮物，保持水体清澈透明，为水生生物创造良好的生存环境，同时提升湖泊整体美观度。

第三节　河流与地下水的生态修复

一、河流生态修复

（一）河流生态修复概述

河流生态修复，作为一项基于生态系统原理的综合治理策略，致力于运用多样化手段修复受损水体生态系统的生物群落与结构，旨在重构一个健康、功能完备且能够自我维持的水生生态系统。此过程不仅聚焦于河流物理环境的修复，还深入触及生物多样性与生态状态的全面恢复，力求使修复后的河流展现出更加自然、健康与稳定的特质。

修复目标多元且深远，旨在实现河岸带的稳固，水质的显著提升，栖息地的有效扩增，生物多样性的丰富，渔业的繁荣以及美学与娱乐价值的提升，共同推动河流向更加贴近自然状态的方向发展。同时，强调可持续性原则，通过科学规划与管理，不断提升河流生态系统的整体价值。

为确保修复效果，实施过程中及完成后均需进行严密的生态监测与影响评价。这包括对修复过程中的即时生态状况跟踪，对修复成果的长效影响评估，以及借助模型预测未来生态趋势。监测内容广泛，涵盖水生大型无脊椎动物、鱼类、涉水鸟类等生物种群的数量与分布变化，以及湿地栖息地的改良状况，全面反映河流生态系统的恢复进度与健康水平。

最终，当河流生态系统展现出强大的自我维持与自我演替能力，各类生物群落和谐共生，形成良性循环时，标志着河流生态修复工作的圆满完成。这一过程不仅是对自然环境的救赎，更是对人类生产生活健康福祉的巨大贡献。

（二）河流生态修复的任务

河流生态修复的任务繁重且多维，其核心在于全面改善河流生态系统的结构、功能及自然过程，以实现生态系统的和谐共生。以下是对其四大主要任务的具体阐述。

1. 水质改善

水质改善是河流水系生态恢复的首要任务。通过实施严格的污染物排放标准与总量控制策略,推动清洁生产技术的普及与循环经济的发展,从根本上提升河流水质。此举旨在提高规划区域内各水功能区的水质达标率,严格控制入河污染物总量,科学评估并合理设定水体的纳污能力,有效遏制湖库富营养化趋势,并特别关注有毒有机化学品及重金属污染的防控,确保水质安全。

2. 水文情势改善

改善水文情势是恢复河流自然流动特性的关键。在确保生态基流得到满足的基础上,进一步致力于恢复自然水流的流量变化过程,以满足不同生物种群的生存繁衍需求。这要求我们全面考虑流量的变化范围、频率、持续时间、出现时机以及变化速率等五大要素,力求恢复河流的自然水文节律,为水生生物提供适宜的生活环境。

3. 河流地貌修复

河流地貌修复旨在消除或缓解一系列人为活动对河流生态系统的负面影响。这些胁迫因子包括但不限于水坝建设导致的生态阻隔、河流渠道化与直线化改造、河漫滩侵占、堤防工程的生态阻隔效应、不透水硬质护坡护岸的使用、围湖造田活动以及无序采砂等。修复工作将聚焦于恢复河流的纵向连续性,增强河流侧向及河湖、水网间的连通性,并重塑河流的自然形态,如恢复河道的蜿蜒曲折、增加断面几何形态的多样性,以及采用透水、多孔性材料对护坡进行生态化改造,以期构建一个更加自然、健康的河流生态系统。

4. 生物群落多样性和物种多样性恢复

在恢复生物群落多样性和物种多样性的过程中,我们的工作不仅局限于水生生物,还需兼顾陆生生物的全面恢复。依据河流生态系统整体恢复的理念来规划生物群落恢复任务时,一个显著的难点在于如何精准选择指示物种。为解决这一难题,我们应优先聚焦于濒危、珍稀及特有生物物种的恢复工作,这些物种对于评估生态系统健康状况及指导恢复策略至关重要。同时,保护重要生物资源,强化土著物种的保育力度,防止外来物种的入侵,也是维护生物多样性的关键环节。

而实现生物群落多样性恢复的核心在于有效维护和完善河流栖息地。这要求我们深刻理解河流生态系统的独特属性,包括其易变性、流动性和随机性。随着水文周期的自然波动以及河流形态的动态变化,栖息地也会经历扩展、收缩等自然演变。因此,在制定生态修复方案时,我们必须充分考虑这些动态因素,确保修复措施能够适应并促进栖息地的自然变化过程。

此外,动物迁徙习性和植物随机分布的特点也需纳入考量范围。动物的迁徙行为不仅关乎其生存繁衍,也是生态系统物质循环与能量流动的重要组成部分。植物的随机分布则影响着生态系统的结构与功能,对维持生物多样性同样具有不可忽视的作用。基于这些考虑,我们应合理划定生态修复的规划范围,并设定科学的生物监测区域,以确保恢复工作的针对性和有效性。

综上所述,恢复生物群落多样性和物种多样性是一项复杂而系统的工程,需要我们在实践中不断探索与创新，以科学的方法指导实践，推动河流生态系统的全面恢复与可持续发展。

（三）河流生态修复的原则

河流生态修复主要遵循两大原则：自然原则、社会原则。

1. 自然原则

自然原则的核心在于促进人与自然之间的和谐共生，这一理念在河流生态修复中尤为重要。实施修复计划时，必须从流域尺度的视角出发，确保修复工作的全面性和系统性。单一河流的修复往往忽视了其与周边环境的紧密联系，这样的"孤岛式"修复策略难以从根本上解决问题，因为污染来源未得到有效控制，潜在危机依然存在。因此，任何修复措施都应以流域为单位，综合考虑流域内的各种因素，如污染源、相关水系、经济结构等，以实现整体生态环境的改善。

在流域尺度控制的基础上，自然原则还强调河道生态系统的多维统一性。这包括河流在上下游方向的连续性、空中与水体、水体与陆地、河岸带与周边环境的紧密联系，以及这些要素随时间变化而展现的动态特征。这种"纵横竖及时间"的四维一体理念，要求我们在修复过程中不仅要关注河流的物理形态和空间布局，还要深入理解并维护其内在的生物多样性和生态功能。

"水文－生物－生态功能－河流连续体四维模型"正是这一理念的生动体现。该模型通过整合河流水文水力学过程的连续性、生物群落结构的连续性、营养物质流和能量流的连续性以及信息流的连续性，构建了一个全面的河流生态系统框架。同时，该模型还强调了时间维度的重要性，提醒我们在修复工作中必须考虑水文、生物及河流生态系统随时间的演变和进化，从而制定出更加科学、合理且可持续的修复策略。

综上所述，自然原则指导下的河流生态修复工作，要求我们从流域尺度出发，综合考虑河流生态系统的多维统一性，运用"水文－生物－生态功能－河流连续体四维模型"等先进理念和方法，因地制宜、科学规划，以实现河流生态系统的全面恢复和长期健康稳定发展。

2. 社会原则

社会原则在河道生态修复中扮演着至关重要的角色，它强调了人地关系的和谐共生，要求修复工作必须与社会经济发展相协调，同时兼顾人类的基本需求与资源管理的合理性。

首先，河道生态修复应当与当地的经济发展状况相适应，不能超越当地的经济承受能力，以免给社会带来过重的负担。同时，修复工作也不应阻碍当地的经济或文化发展，而是要努力寻找生态修复与经济社会发展的双赢路径。

其次，河道生态修复必须纳入资源管理的大框架中，特别是在水资源的分配上，要遵循整个流域长远统一的发展规划，确保水资源的合理利用和可持续管理。任何地方都不应擅自多取水资源，以免影响流域整体的生态平衡和可持续发展。

再次，河道生态修复还应满足人类的基本物质文化需求。这包括保障供水安全、满足水产养殖业的发展需要、提升水景观的观赏价值以及保护和传承水文化等。通过科学的修复措施，我们可以让河流在恢复生态功能的同时，也为人类社会提供更多元化的服务。

最后，在制定修复方案时，我们应尽可能降低劳动量和资源占用量，充分考虑修复工作的经济成本、资源成本和生态成本。通过技术创新和优化设计，实现修复效益的最大化，确保修复工作的可行性和可持续性。

综上所述，社会原则要求我们在河道生态修复中兼顾经济社会发展、资源管理、人类需求以及成本效益等多个方面，以实现生态、经济、社会的全面协调发展。

（四）河流生态修复技术

1. 自然净化

自然净化是河流生态系统中一种强大的自我恢复机制。当河流受到污染时，其内在的净化能力能够促使污染物在水流中经历一系列物理、化学及生物过程，最终使有机污染物被微生物氧化降解为无机物，进而被进一步分解或还原，离开水体，从而实现水质的自然恢复。增强水体的自净作用，关键在于改善河流水动力条件，如提高水流速度，促进污染物的扩散与稀释；同时，通过生态手段提高水体中有益菌的数量与活性，加速污染物的生物降解过程。

2. 植被修复技术

植被修复是河流生态修复的重要组成部分。通过恢复和重建河流岸边带湿地植物及河道内的多样化水生高等植物群落，不仅能够提高河岸的抗冲刷能力和河床的稳定性，还能有效拦截陆源泥沙及污染物，防止其进入水体。此外，这些植物还为其他水生生物提供了宝贵的栖息、觅食和繁育场所，极大地丰富了河流生态系统的生物多样性，并美化了河流景观。

3. 生态补水措施

针对河流生态系统对特定水流、水位条件的依赖，实施科学的生态补水策略至关重要。在洪涝季节，我们需根据水生高等植物的耐受性适时降低水位，避免过高水位对其造成不利影响；而在干旱时期，我们则需通过合理调度水资源，适当提高河流水位，确保水生高等植物的正常生长与繁殖需求得到满足，从而维护河流生态系统的整体稳定。

4. 生物－生态修复技术

生物－生态修复技术是一种集生物处理与生态修复于一体的先进方法。该技术通过接种或培养特定微生物，加速水中污染物的降解与转化，提升水体自净能力；同时，我们通过引种多样化的植物、动物等生物资源，调整并优化水生生态系统结构，进一步增强生态系统的服务功能与稳定性。该技术的核心在于因地制宜，根据水体污染特性、物理结构及现有生态结构特点，科学组合生物技术与生态工程手段，实现污染的高效治理与生态系统的全面恢复。

5. 生物群落重建技术

生物群落重建技术旨在通过科学规划与实施引种、保护及生物操纵等措施，系统地恢复与增强河流中的水生生物多样性。该技术深入分析目标水域的生态学特性与生物多样性现状，针对性地引入或保护关键物种，调整生物群落结构，以恢复或重建一个健康、稳定且具有高度自我维持能力的水生生态系统。在此过程中，注重生态平衡与长期可持续性发展是生物群落重建技术的关键原则。

二、地下水生态修复

（一）传统地下水修复技术

在地下水污染的传统治理策略中，抽提处理技术占据核心地位。该技术利用水泵将受污染的地下水抽取至地表，随后在地面上进行一系列复杂而精细的净化流程。这一方法不仅确保了地下水在地面环境中得到彻底、有效的处理，从而恢复其清澈与纯净，进而可安全地回灌至地下含水层或直接排入地表水体，显著减轻了地下水及土壤污染负担。同时，通过及时抽提并处理受污染的地下水，有效遏制了污染羽的横向与纵向扩散，防止了污染范围的进一步扩大，为地下水资源的保护与可持续利用奠定了坚实基础。

（二）原位化学反应修复技术

针对地下水污染，原位化学反应修复技术提供了一种创新的解决方案。该技术巧妙利用地下水系统中自然存在的微生物，通过向受污染区域深井中注入微生物生长所必需的营养物质及具有高氧化还原电位的化合物，人为调控地下水体的营养状况与氧化还原条件。这一调控过程激活了土著微生物的代谢活性，促使它们积极参与并加速地下水中污染物的分解与氧化过程。此方法不仅充分利用了地下水环境的自然净化能力，还显著降低了修复成本，减少了对地下环境的二次干扰，是地下水污染控制与修复领域的一项重要技术进步。

（三）原位自然生物修复技术

原位自然生物修复技术，其核心在于依托土壤与地下水系统中固有的微生物种群，在自然环境条件下自发地对污染区域进行生态恢复。然而，这并不意味着完全放任不管，而是需要在科学规划的指导下实施。修复过程中，需详尽制订实施计划，明确各阶段任务；同时，我们需对现场活性微生物种类及活性进行精准鉴定，持续监测污染物的降解速率及污染带的迁移动态，以确保修复工作的有效性与针对性。

相较于原位自然生物修复，原位工程生物修复则更为积极主动，它通过一系列工程手段直接介入并优化土壤与地下水中的生物过程，以加速环境修复进程。具体策略包括两种主要途径：一是生物强化修复，即通过向污染区域补充微生物生长所必需的营养物质，优化其生存环境，从而激发并增强土著微生物的繁殖活性与污染物降解能力；二是生物接种修复，即直接向污染环境中引入实验室培育的、对特定污染物具有高度亲和性与降解能力的微生物，以实现污染物的有效去除。

此外，对于污染较为严重的土壤，我们还可考虑采用地面生物处理技术。该技术涉及将受污染的土壤挖掘并转移至地面处理设施中，通过泥浆生物反应器或地面堆肥等方式进行集中生物处理。泥浆生物反应器利用微生物的代谢活动分解土壤中的污染物，而地面堆肥则通过堆肥过程中产生的生物热及微生物作用，促进污染物的分解与无害化转化。这些地面处理技术为重度污染土壤的快速恢复提供了有效途径。

（四）生物反应器法

生物反应器法是一种创新的地下水污染处理技术，它将地下水抽提系统与回注系统巧妙结合并进行了优化升级。该方法的核心流程形成了一个闭环处理系统，具体包括以下四个关键步骤。

地下水抽提：首先，将受污染的地下水从地下含水层中抽取至地面。这一步骤是处理流程的起点，为后续的生物降解过程提供了必要的原料。

地面生物反应器处理：在地面设置的生物反应器内，对抽提出来的污染地下水进行好氧生物降解处理。此过程中，我们需持续向生物反应器内补充必要的营养物质和氧气，以支持微生物的生长与代谢活动，从而有效降解地下水中的污染物。

处理水回灌：经过生物反应器处理后的地下水，其污染物浓度已显著降低，达到了回用的标准。随后，这些处理过的地下水通过专门的渗灌系统被重新注入地下土壤中，实现了水资源的循环利用。

土壤及地下水层内的生物强化：在回灌过程中，为了进一步加速生物降解过程，我们可向土壤中额外加入营养物质、已驯化的高效降解微生物，并适当注入氧气。这些措施能够增强土壤及地下水层内的生物活性，促进污染物的持续降解，确保地下水质量得到根本性改善。

通过上述四个步骤的闭环处理，生物反应器法不仅能够有效去除地下水中的污染物，还能实现水资源的节约与循环利用，对保护地下水资源、维护生态环境平衡具有重要意义。

（五）生物注射法

生物注射法，作为传统气提技术的一次革新，凭借其独特的优势崭露头角。

该技术的核心在于向污染地下水的下层区域施加压力，精准注入空气。这股注入的气流仿佛一股活力源泉，它不仅促进了地下水和土壤中有机污染物的挥发，还加速了这些污染物的生物降解进程，为地下水的净化开辟了新路径。

生物注射法的另一大亮点在于其通气与抽提技术的巧妙结合。通过延长污染物在生物反应区内的停留时间，为微生物提供了更为充分的代谢空间，从而显著提升了污染物的降解效率，使得修复工作更加高效、彻底。

然而，值得注意的是，生物注射法并非万能之钥。其应用受到一定条件的限制，主要适用于土壤气提技术可行的环境。此外，地质条件的特性也会对修复效果产生显著影响。在面对黏土等特定土壤类型时，该技术的效果可能会大打折扣，因此在选择修复方案时需谨慎评估。

第五章

湿地生态恢复技术

第一节 湿地生态修复

一、湿地生态修复的方法

（一）补水增湿

湿地作为自然界中独特而脆弱的生态系统，普遍经历着周期性的丰水期，但其用水机制却因地域差异而大相径庭。人类活动，尤其是湿地及周边的排水工程和地下水开采，往往对湿地水环境产生深远影响。传统观念认为，湿地易受缺水威胁，因此补水增湿被视为恢复湿地活力的关键举措。然而，实践反馈却对这一假设提出了质疑。实际上，湿地水位的动态变化记录不全，且部分湿地干枯实则是自然干旱的结果。更令人惊讶的是，适度排水非但未破坏湿地生态，反而促进了物种多样性的增加。

对于曾历经严重失水的湿地而言，恢复其高水位是生态修复的基础，但单纯补水远非修复的全部。湿地退化过程中，土壤结构与营养水平均发生了深刻变化，如土壤酸化、氮矿化等现象频现，补水过程亦会触发氮、磷等的释放，尤其是在初期阶段。因此，控制营养物质积累成为补水工作中不可忽视的一环。此外，钾元素的缺乏也是排水后泥炭地土壤面临的另一挑战，它可能严重制约湿地的成功修复。

湿地补水仅是生态修复乐章的序曲，后续还需诸多配套措施跟进。鉴于湿地水位历史数据的匮乏，准确估算补水量成为一大难题，我们通常需依据目标物种或群落的特定需水模式来灵活调整。水位的波动范围、频率及周期性等因素均对湿地生态系统的结构与功能产生深远影响。

在着手补水之前，我们的首要任务是明确湿地水量减少的根本原因。修复过程中，我们可通过挖掘降低湿地地表以补偿水位下降，或探索替代水源等途径来增加湿地水量。技术层面通常不构成主要障碍，但资源调配、土地竞争及政策因素等却可能成为实施过程中的绊脚石。因此，湿地补水策略应综合考虑减少排水、直接输水及重建湿地供水机制等多种方案，以期在复杂多变的现实条件下找到最优解。

1. 减少湿地排水

当前，减少湿地排水主要采用两大策略：其一，是在湿地内部通过挖掘形成潟湖，以自然蓄积水源；其二，则是在湿地生态系统边缘构建木材或金属材质的围堰，作为防止水源流失的直接而普遍的方法。然而，值得注意的是，当湿地土壤的物理性质发生显著变化后，单纯依赖堵塞排水沟壑可能难以有效补水，必须结合其他综合措施。

填堵排水沟壑的主要目的是控制湿地的横向排水，但在特定情境下，这些沟壑也可能影响湿地的垂直水流。在堵塞沟壑时，采用围堰结构可以有效降低沟内水流流速，而铺设低渗透性材料则能进一步限制垂直方向的排水。

对于由高水位自然形成的湿地，构建围堰不仅可减少排水，还能提升湿地水位至高于原始状态，但需警惕高水位可能带来的营养物质过量渗透问题，这对湿地植物构成潜在威胁。对于依赖地下水上升的湿地，构建围堰则需谨慎评估，因围堰可能阻碍自然水流，导致淤塞及非自然的氧化还原环境，进而可能增加植物毒素。

围堰虽能一定程度上缓解湿地供水减少导致的干旱问题，但对于非排水因素引发的缺水，其适用性则需具体分析，以免干扰自然水循环机制，迫使决策者在次优补水方案与无补水方案间做出权衡。

在大范围内蓄水以降低横向水流流速方面，堤岸作为一种延长的围堰形式，被广泛采用。它们可建于湿地内部或围绕其边界，形成浅水潟湖，有效封存水源。对于因泥炭开采等活动受损的泥炭沼泽地，堤岸能有效封住边缘，防止进一步的水位下降。堤岸材料多样，设计需考虑材料特性、水力条件及长期稳定性。对于边缘高度差显著的区域，阶梯式堤岸设计更为合理，通过创建多级潟湖或台阶，实现更灵活的水位管理。

2. 直接输水

对于因水源匮乏而干涸的湿地，初期采用直接输水的方式进行修复往往能迅速显现成效。实践中，人们既可通过铺设专用输水管道，也可巧妙利用现有河渠作为自然水道，直接向湿地补水。水源的选择同样多样，除了跨流域调水外，雨水作为一种天然资源，也是湿地补水的重要来源之一。尽管在干旱气候下，雨水补水的稳定性与充足性可能受限，但其可行性不容忽视。例如，通过合理规划，我们可将泥炭地的特定区域设定为季节性蓄水池，作为湿地其他部分在干旱时期的应急水源。

在地形适宜的条件下，雨水输水可借助重力自流，辅以梯田式阶梯补水、排水管网或水泵等辅助设施，实现高效利用。值得注意的是，虽然通过水泵控制潟湖水位并非理想选择，因其可能引发水质问题，如可溶性物质浓度上升，但在雨水成为唯一可用补水来源时，相较于季节性的低水位状态，适度采用泵排措施以维持一定水位，仍不失为一种可行的权宜之计。总体而言，直接输水作为湿地修复的初期策略，其灵活性与高效性对于快速缓解湿地干旱状况具有重要意义。

3. 重建供水机制

当湿地生态系统的水量减少源于其供水机制的转变时，重建供水机制无疑成了一种潜在的修复途径。然而，鉴于湿地往往受到大流域水文过程的深远影响，我们要精准地恢复原始的供水机制，就必须对湿地及其所属流域进行全面而细致的管理与控制。

这一挑战不仅技术复杂，且在实际操作中往往面临诸多限制，导致该方法缺乏普遍的可行性和广泛的应用基础。

相比之下，对于由单一问题（如特定取水点导致的水量减少）引发的供水不足，针对性地修复供水机制则显得更为直接和有效。尽管这种方法实施起来相对简单，但其成本往往较高，特别是在需要大规模工程介入时。此外，即便成功修复了原有的供水机制，我们也需认识到，确保湿地生态系统的全面恢复并非仅凭恢复水供给所能达成。湿地生态的复杂性要求我们在修复过程中必须综合考虑土壤、植被、生物多样性等多个方面，以构建一个健康、稳定且功能完善的湿地生态系统。

因此，对于湿地修复而言，我们应秉持综合治理的原则，结合多种修复手段，既要关注供水机制的重建与优化，也要重视其他生态要素的恢复与保护，以期实现湿地生态系统的整体和谐与可持续发展。

（二）控制湿地营养物质

在众多淡水湿地中，营养物质的富集现象屡见不鲜，这主要归因于水体中营养盐的长期积累，特别是农业和工业排放所带来的影响。营养物质的浓度受多种因素制约，包括水质状况、水流来源区特性以及湿地生态系统本身的固有属性。鉴于湿地生态系统的广阔面积及其复杂的相互作用，针对特定湿地而言，准确预测何种营养物质浓度阈值将对生态修复过程产生决定性影响。

当湿地面临水量减少、干旱等不利条件时，沉积于土壤中的营养物质往往会发生矿化作用，这一过程不仅改变了土壤的物理结构，导致土壤板结，进而影响排水效率，还可能释放出过量的氮、磷等。具体而言，氮的矿化作用在湿地干旱期间尤为显著，而磷的解吸附速率和脱氮过程则可能随水位上升而加速。这种营养物质的超量积累或不当矿化，很可能对湿地生态修复构成负面影响，因此，合理调控湿地系统中的有机物含量显得尤为重要。

为降低湿地生态系统中有机物含量，可采取多种技术手段，具体如下。

吸附吸收法：利用特定材料（如活性炭、沸石等）的高效吸附能力，去除水体中的有机物和部分营养物质。

剥离表土法：对于受污染严重的表层土壤，可直接进行物理剥离，以去除富含有机物的表层土壤，降低其对整体生态系统的不良影响。

脱氮法：通过生物或化学方法促进湿地中的反硝化作用，将硝酸盐等氮形态转化为氮气释放到大气中，从而降低水体中的氮含量。

收割法：定期收割湿地中的水生植物，这些植物在生长过程中会吸收并积累大量营养物质，通过收割可有效减少湿地中的有机物负荷。

综上所述，通过综合运用多种方法调控湿地生态系统中的有机物含量，是确保湿地生态修复顺利进行的关键环节。

（三）控制湿地演替及防止木本植物入侵

某些湿地生态系统展现出了高度的稳定性，无论是处于顶级状态（如由自然雨水汇集而成的鱼塘)、次顶级状态（如特定类型的沼泽地），还是那些演替进程相对缓慢的环境（如盐碱地），这些湿地都长期维持着其独特的生态特征。然而，尽管多数湿地植被看似处于相对稳定的顶级群落阶段，但湿地的演替过程实际上可能远比表面看起来更为迅速和复杂。

在湿地演替的过程中，一个常见的现象是大量较矮草丛的快速形成，这些草丛往往为木本植物的入侵提供了条件。随着木本植物的逐渐占据优势，湿地的原有结构和功能可能受到严重威胁，甚至最终导致湿地的消亡。因此，在欧洲的许多地区，控制湿地演替进程和防止木本植物入侵已成为湿地修复性管理的核心任务之一。

相比之下，这一管理策略在其他地区并未得到同等的重视。造成这种差异的原因部分可以归结为历史和文化背景的不同。历史上，许多地方对湿地的管理采取了一种更为放任自流的态度，即让湿地自然发展，缺乏必要的干预和管理措施。此外，即便有管理行为，也可能因为缺乏科学指导或方法不当而无法有效应对湿地面临的挑战。

湿地的稳定性和可持续性受到多种因素的共同影响，包括自然演替过程、人为管理策略以及历史文化背景等。为了保护和恢复湿地的生态功能，我们需要采取更加积极主动且科学合理的管理措施，特别是在防止湿地演替过快和木本植物入侵方面。

（四）修复湿地植被

湿地植被修复主要通过两种方式进行：一种方法是从湿地系统外引种，进行人工植被修复；另一种是利用湿地自身种源进行天然植被修复。

二、陆地湿地恢复的技术方法

陆地湿地恢复的技术方法有多种，其中湿地生境恢复技术较为常用，该技术聚焦于通过多种工程技术手段，旨在提升湿地生境的异质性与稳定性，具体涵盖湿地基底、水状态及土壤三个关键方面的恢复策略。

基底恢复：该环节的核心在于运用先进的工程措施，确保湿地基底的稳固，从而有效维护湿地面积，并依据实际需求对湿地地形、地貌进行科学改造。具体措施包括实施水土流失控制技术，特别是在湿地及其上游区域，以减缓土壤侵蚀；同时，我们可运用基底改造技术，对湿地底部结构进行精细化调整，以适应并促进湿地生态系统的健康发展。

湿地水状态恢复：此部分工作聚焦于湿地水文条件的优化与水质的改善。为了恢复适宜的水文条件，可通过修建引水渠等工程设施增加水源补给，或利用筑坝等方式减少不必要的水体流失，从而实现对湿地的有效补水与保水。鉴于水是湿地生态系统中最为敏感且至关重要的因素，对于因缺水而干涸的湿地，初期可采用直接输水的方式迅速启动修复进程。随后，我们需借助先进的工程手段对湿地水文过程进行精细化管理，确保水资源得到合理利用。在水质改善方面，我们可综合运用污水处理技术减少上游污染源对湿地水体的影响，同时我们采用水体富营养化控制技术（涵盖物理、化学及生物等多种方法）直接作用于湿地水体本身，以恢复其清澈与生态平衡。

湿地土壤恢复：针对湿地土壤的恢复工作同样不容忽视。这一领域的技术应用主要集中在土壤污染控制与肥力恢复两大方面。通过实施土壤污染控制技术，有效清除或固定土壤中的有害物质，减轻污染对湿地生态系统的不利影响。同时，我们可利用土壤肥力恢复技术，如合理施肥、土壤改良等措施，提升土壤质量，为湿地植被的生长提供充足的养分支持，促进湿地生态功能的全面恢复。

三、滨海湿地生态修复方法

在优先识别并选定典型海洋生态系统密集区域、外来物种入侵高发区、重金属污染严重地带以及气候变化影响敏感区域后，我们将启动一系列针对性的海洋生态修复项目，旨在这些关键区域建立海洋生态建设示范区。项目将灵活应用适宜的人工干预手段，同时依托生态系统的自然恢复能力，力求在短时间内初步恢复并强化这些区域的生态服务功能。

为确保修复工作的系统性、科学性与可持续性，我们将精心制定海洋生态修复的总体规划，明确技术执行标准与效果评价体系。这一过程中，我们将细致规划修复活动的选址逻辑，确立自然条件评估的科学方法，筛选并验证适用于各类修复场景的技术方案，同时建立起对修复进展及成效的严密监测与绩效评估体系。

具体实施上，我们将采取多元化措施：对受损滨海湿地实施退养还滩政策，恢复自然植被覆盖，优化湿地水文条件，通过底播增殖大型海藻促进生态恢复；加强对海草床的保护与人工种植，巩固海洋生态基础；构建多层次的海岸防护屏障体系，不仅提升了对海洋灾害的防御能力，还强化了近岸海域对污染物的自然净化与生物多样性维护功能；同时，积极建设海洋生态屏障与生态廊道，增强生态系统整体的韧性与适应性，以更好应对气候变化挑战。

我们将利用滨海湿地种植芦苇等，以及近岸水体中大型海藻的吸附作用，有效治理重金属污染，扩大蓝色碳汇区域，助力全球碳中和目标。此外，我们创新性地利用航道疏浚产生的废弃物，通过科学堆积形成人工滨海湿地或岛屿，实现资源循环利用，为海洋生态保护与修复开辟新路径。这一系列综合措施的实施，将有力推动我国海洋生态环境的整体改善与可持续发展。

（一）微生物修复

有机污染物的降解转化，本质上是依靠微生物细胞内一系列活性酶的催化作用，这些活性酶促进氧化、还原、水解及异构化等化学反应的发生。在滨海湿地生态系统中，石油烃类有机污染尤为突出。自然条件下，湿地中的微生物能够参与并促进这些污染物的降解，但由于微生物本身的密度有限，加之部分污染物缺乏微生物代谢所必需的营养元素，导致自然降解过程极为缓慢。

为了提高湿地污染物的降解效率，微生物修复技术应运而生。其核心在于通过引入特定降解微生物，利用它们的代谢活动加速污染物的分解。成功的微生物修复依赖于降解微生物在环境中的数量及其生长繁殖速率。当湿地中自然存在的降解微生物不足时，适时适量地引入高效降解微生物显得尤为重要，这能有效缩短污染物的降解周期。

然而，微生物修复成功与否，不仅取决于引入菌株的降解能力，还与其在新环境中的适应性和竞争力密切相关。那些能够迅速适应新环境、有效竞争资源的菌株，更有可能在修复过程中发挥主导作用。值得注意的是，随着修复过程的完成，由于营养和能量的逐渐耗竭，大部分引入的菌株最终会在环境中消失。但在某些情况下，少数菌株可能会持续存在于湿地生态系统中，这既可能是修复效果的延续，也可能带来新的生态挑战。

因此，在决定引入微生物进行修复之前，我们必须进行全面的风险评估，充分评估引入菌株的潜在影响，包括其对湿地生态系统长期稳定性、生物多样性以及人类健康可能带来的影响。通过科学的风险评价，我们可以确保微生物修复技术的安全有效实施，促进滨海湿地生态系统的健康恢复。

（二）大型藻类移植修复

大型藻类在维护海域生态平衡中扮演着不可或缺的角色。它们不仅能够显著降低水体中的氮、磷等浓度，通过光合作用提升海域的初级生产力，还为众多海洋生物提供了宝贵的附着基质、食物来源及生存空间，对遏制赤潮等有害藻类暴发具有显著效果。因此，大型藻类对于保持海域生态环境的稳定至关重要。

然而，许多海域曾自然生长着丰富的大型藻类，却因生境丧失（如污染、富营养化导致的光线不足及海底物理结构变化）和过度开发等逐渐消失，进一步加剧了这些海域的生态退化。鉴于大型藻类的多重生态功能及其易于栽培移植的特性，将其引入退化或富营养化的海洋环境，成了一种高效的原位生态修复手段。目前，全球多地已广泛实践这一方法，利用海带、紫菜、巨藻、石莼等大型藻类进行海洋生态修复，取得了显著的环境、生态及经济效益。

在实施退化海域的大型藻类生物修复项目时，应优先考虑使用土著大型藻类。对于尚有少量土著大型藻类存活的区域，应优先进行生境修复，支持其自然恢复；若土著种类已完全消失，则应从邻近健康海域引入同种大型藻类，以加速生态重建。对于原本就不适宜大型藻类生长的海域，则需通过详细的环境调查与评估，引入适应性强、符合当地水质与底质条件的新种类，并通过控制污染、改善水质、建造人工藻礁等措施，创造适宜的生长环境，促进大型藻类的成功移植与快速增殖。

在具体移植过程中，可采用孢子附着法，即将采集到的大型藻类孢子人工附着于基质上，随后投放至海底任其萌发成长；或直接移栽野生海藻种苗，促进其在退化海域内的迅速繁殖，最终形成茂密的海藻群落，有效改善海洋生态环境。这些方法不仅科学有效，而且实施起来相对灵活，为海洋生态修复提供了有力支持。

（三）底栖动物增殖与移植

底栖动物作为海洋生态系统中的重要组成部分，扮演着多重关键角色。它们以水中沉降的有机碳屑、有机碎屑及浮游生物为食，同时为其他大型海洋生物提供食物来源，形成了复杂的食物网关系。在湿地、浅海及河口区域，如贻贝床、牡蛎礁等底栖生物群落，对于净化水体、提供栖息环境、维护生物多样性以及促进生态系统能量流动具有不可估量的价值，尤其在控制滨海水体富营养化方面作用显著，是海洋生态系统稳定性的重要基石。

然而，近年来，随着过度捕捞、环境污染、疾病侵袭及生境破坏等多重压力的增加，许多海域的底栖动物种群数量急剧下降，甚至局部灭绝。这一变化不仅导致曾经生物多样性丰富的海岸带变成荒芜之地，也严重破坏了海洋生态系统的结构与功能，加剧了海洋环境的退化。

为应对这一挑战，全球范围内正积极开展一系列针对牡蛎礁、贻贝床等底栖生态系统的恢复项目，旨在修复沿岸浅海生态系统，改善水质，并推动渔业的可持续发展。在修复过程中，关键在于控制污染源、修复受损生境，并通过引入适宜的底栖动物种类，促进其在修复区域内形成稳定种群，进而构建规模化的生物资源。这些方法旨在利用生物的自然调控能力，改善水质与沉积物质量，重建潮间带与潮下带的植被与底栖动物群落，最终实现受损生境的自我恢复与净化，恢复区域的生物多样性及生物资源生产力，促进海洋环境生物结构的完善与生态平衡的重建。

具体实践中，我们可采用的策略包括土著底栖动物种类的自然增殖与人工促进，以及非土著但适应性强的底栖动物种类的移植。适宜的底栖动物种类广泛，如牡蛎、贻贝、毛蚶、青蛤、杂色蛤、沙蚕等，它们均能在适宜的条件下有效促进海洋生态系统的恢复与发展。

第二节　湿地生境恢复技术与湿地生物恢复技术

一、湿地生境恢复技术

湿地生境恢复技术主要是指利用各种工程技术来提高环境的稳定性与异质性，包括湿地基底恢复技术、土壤恢复技术、水文恢复技术与水质恢复技术等。

（一）湿地基底恢复技术

在湿地恢复与保护过程中，工程技术发挥着至关重要的作用，特别是针对基底稳定性的提升与湿地地形地貌的改善。以下是几种关键的基底恢复技术细分及其应用介绍。

1. 基底改造与防侵蚀技术

基底改造的首要目标是营造一个适宜沉水植物生长的环境。通过工程手段，将原本陡峭易侵蚀的基底改造成平缓稳定的地形，这一过程往往与淤泥疏浚工程同步进行，以确保基底条件的全面优化。基底不仅是湿地植物的营养源，也是其根系固定的关键，对植物的生长周期具有深远影响。为防止基底侵蚀，国内外广泛采用的技术包括水下土工管、丁字坝、拦沙堰等，这些措施通过调节湖泊水文条件，促进泥沙沉积，有效遏制了侵蚀现象。

2. 淤泥疏浚技术

作为基底恢复的核心环节，淤泥疏浚技术旨在移除水体中高营养盐含量的表层沉积物及其中的污染物，如絮状胶体、浮游藻类、植物残体等，从而降低内源污染负荷。该技术分为生态疏浚与传统抓斗式疏浚两大类。生态疏浚采用 GPS 精确定位与绞吸式作业方式，具有疏浚精度高、环境影响小的优点，但相对投资较大，且存在疏浚区易受污染、过程控制复杂、设备要求高、排泥量大等挑战。

3. 生态驳岸技术

在堤岸恢复方面，生态驳岸技术强调护岸工程的生态与功能性并重。针对不同水位高度的堤岸，采取差异化的处理方式：对于常水位以下区域，采用网笼、笼石或生态混凝土等材料增强抗冲刷能力，同时为湿地生物提供适宜的栖息地；对于平滩水位以上区域，通过种植根系发达的林木，既减弱风浪冲击，又发挥防洪护岸作用；在滩涂地带，则注重生物多样性提升，为湿地动物营造丰富的栖息环境，促进湿地生态系统的稳定与和谐共生。

（二）土壤恢复技术

土壤恢复技术包括土壤改良技术、退耕还湿与生态农业技术、坡面工程技术等。

1. 土壤改良技术

滨海湿地的盐碱化问题严重制约了该区域的生态环境与农业发展，因此，采取有效措施改良盐碱土壤显得尤为迫切。土壤改良技术作为解决这一问题的关键，涵盖了农艺、化学及物理等多种方法。

在农艺措施方面，作物秸秆还田、种植绿肥及改土培肥等方法被广泛应用。这些方法通过增加土壤有机质含量，改善土壤结构，提高土壤保水保肥能力，从而有助于降低土壤盐分浓度，促进植物生长。特别是绿肥作物，其根系能分泌有机酸，有助于中和土壤碱性，同时其残体分解后也能增加土壤养分，进一步改善盐碱土的理化性质。

化学改良方法则是通过向盐碱土中添加特定化学物质，直接调节土壤酸碱度，降低盐分含量。例如，添加石膏、磷石膏等含钙物质可以置换出土壤中的钠离子，降低土壤碱化程度；同时，引入硫酸亚铁、风化煤等酸性物质，可以有效中和土壤碱性，降低 pH。随着化学科技的进步，更多高效、环保的化学物质被研发出来，为盐碱土改良提供了更多选择。

物理改良方法则侧重于通过改变土壤的物理性状来达到改良目的。深耕晒垡、抬高地形等措施可以增加土壤通透性，促进盐分淋洗；微区改土则是针对小范围盐碱严重区域进行重点治理；冲洗压盐则是利用大量淡水冲洗土壤，将盐分排出土体。此外，随着材料科学的发展，沸石、地面覆盖物等新材料也被应用于盐碱土改良中，这些材料具有优良的吸附、保水、调节温度等特性，有助于改善土壤环境，促进植物生长。

针对滨海湿地的盐碱化问题，应综合运用农艺、化学及物理等多种改良技术，因地制宜地制定改良方案，以实现盐碱土的可持续利用与生态环境的良性循环。

2. 退耕还湿与生态农业技术

将已开垦的湿地恢复为自然湿地，是湿地修复与重建的首要步骤，这一举措直接降低了人类活动对环境的负面影响，为湿地生态系统的自我恢复创造了条件。退耕还湿不仅意味着土地用途的回归自然，更重要的是，它能够显著提升土壤质量，增加土壤肥力，从而为湿地植物提供更加肥沃的生长基质，促进其茁壮成长。

对于那些因经济或社会需求而无法完全放弃农业活动的区域，我们应积极推广生态农业模式。生态农业强调在农业生产过程中最小化对环境的破坏，通过科学管理和技术创新，实现农业与生态环境的和谐共生。这种生产方式能够高效利用宝贵的水资源，确保湿地及其周边区域有充足的水源供应，以支持湿地植被的持续恢复与生长。同时，生态农业还有助于提高湿地的环境承载力，通过减少化肥农药的使用、优化作物种植结构等措施，降低农业生产带来的污染负荷，从而有效减缓湿地生态系统的退化趋势。

退耕还湿与生态农业的发展是湿地保护与恢复的重要策略。它们不仅有助于恢复湿地的自然状态，提升生态系统服务功能，还能促进农业生产的可持续发展，实现经济效益与生态效益的双赢。

3. 坡面工程技术

坡面工程主要是在坡面挖设水平沟与鱼鳞坑，它们能够改善微地形，拦截地表径流，提高土壤含水量，为植物的恢复提供合适的环境。

（三）水文恢复技术

1. 水位控制技术

优化水资源的统筹规划与统一调配机制，是保障湿地水资源、稳定湿地水位的核心策略。具体而言，我们需在湿地及其周边区域实施严格的地下水开采禁令，以防止地下水位下降对湿地生态系统造成不可逆的损害。同时，我们应构建并完善湿地补水体系，确保湿地水位维持在一个科学合理的区间，这对于维护湿地生态平衡至关重要。

针对滨海湿地，特别措施需包括引入淡水资源，以稀释并降低湿地水源的咸度，逐步恢复自然的地表径流系统，优化湿地水体的盐淡平衡。此外，我们还应积极推广淡水资源的节约使用，探索跨流域调水等多元化水源补给方案，以全面增强湿地水资源的可持续供应能力。

在技术手段上，利用工程措施精准调控湿地水位同样不可或缺。例如，通过筑坝蓄水不仅能有效拦截水源，还能扩大湿地的过水面积，提升其整体贮水能力。同时，合理布局引水闸与排水闸系统可实现对湿地水源的精细化控制，既能在干旱时节保障湿地生态需水，又能在汛期有效抵御洪水侵袭，提升湿地系统的防洪调蓄功能。综上所述，这些综合措施将共同促进湿地水资源的科学管理与优化配置，为湿地生态系统的健康稳定发展奠定坚实基础。

2. 生态缓冲岛

在湿地生态恢复的过程中，有效控制风浪对湿地环境的负面影响是至关重要的一环。实践证明，通过工程技术手段实施风浪管理，如建立围堰、防波堤及消浪带等措施，能够显著减轻风浪对湿地恢复工作的干扰与破坏。

为了进一步提升防浪效果，研究者创新性地提出了生态缓冲岛的概念。这一新型防浪工程不仅具备改变水流方向、减少波浪冲击力的功能，还能有效降低水动力对堤岸的侵蚀，为湿地恢复提供更为稳定的环境。

生态缓冲岛的具体构建过程体现了生态与工程的完美结合。首先，通过在第一层石笼的布置，强化了岛屿底部的基础稳定性，为整个工程奠定了坚实的基础。其次，在距离岛屿一定距离处设置第二层石笼，这层石笼作为消浪坝，通过其结构有效减缓了波浪能量，进一步降低了对湿地及周边区域的冲击。在石笼上添加树枝等自然材料，不仅增强了消浪效果，还促进了水生动植物的附着与生长，为湿地生态增添了更多活力。

值得注意的是，生态缓冲岛所采用的石笼结构，其内部的金属丝在长时间使用中并不会对环境造成负面影响。随着时间的推移，水中的泥沙会逐渐覆盖石笼，使其自然融入湿地生态系统，成为一道天然的消浪屏障。同时，两层石笼之间的空间为水生植物的种植提供了理想环境，这些植物不仅能够进一步净化水质、削弱波浪，还能增强生态缓冲岛的整体稳定性，实现了生态与工程的双赢。

生态缓冲岛作为一种创新的防浪工程措施，在湿地生态恢复中展现出了巨大的应用潜力与价值。

3. 廊道建设技术

在河流湿地、湖泊湿地及滨海湿地的生态恢复与管理中，廊道建设扮演着举足轻重的角色。它不仅有助于增强湿地生物多样性与景观异质性，还能有效改善水文条件，促进整个区域内生态系统各项功能的顺畅运行。具体而言，廊道建设措施包括深挖水塘、拓宽水体，以及疏通水系等，这些举措旨在提升湿地的纳水能力，将分散的水体连接成有机的整体，确保湿地生态系统内各组分能够自由流动与交换，从而恢复并优化湿地水文循环。

在规划与实施廊道建设时，我们需重点关注以下几个方面。

廊道宽度的合理设计：廊道的宽度直接影响其生态功能的发挥。过窄的廊道可能导致敏感物种聚集于边缘区域，引发边缘效应，减少斑块内部的物种数量，进而影响整个斑块的物种分布及非敏感物种的迁移。相反，过宽的廊道虽能增加物种迁移的可能性，但也可能延长迁移时间，增加被捕食风险。同时，我们要考虑到湿地资源的稀缺性，过宽的廊道建设在实际操作中也面临挑战。因此，我们需根据具体情况科学设定廊道宽度，平衡生态保护与资源利用的关系。

植物的优化配置：植物作为廊道的基本构成元素，其多样性和空间结构配置对廊道的生态功能至关重要。我们应避免植物群落种类单一、配置不合理及忽视乡土物种利用等问题，通过科学规划植物种类与布局，构建多层次、多功能的植物群落，提升廊道的生态价值。

廊道的连续性与连接度：连接度是衡量廊道在空间、功能及物质流动上连续性的重要指标，包括廊道之间、廊道与斑块之间的连接状况。确保廊道的连续性对于维持物种迁移通道、促进基因交流具有重要意义。我们应尽量避免人为因素造成的廊道缺口，这些缺口会严重阻碍物种迁移，导致生物死亡，进而影响整个生态系统的稳定与恢复。因此，在廊道建设过程中，我们需加强监管与维护，确保廊道的完整性与连续性。

（四）水质恢复技术

1. 水体富营养化控制技术

在面临富营养化水体挑战时，湿地恢复工作尤为关键，其中降低水体中氮、磷等浓度是植被恢复的核心任务之一。富营养化导致的高浓度营养物质往往引发藻类过度繁殖，进而威胁到水生植物的生存空间与资源获取，造成植物大面积死亡。

针对已出现严重富营养化的湿地水体，引水冲洗被证明是一种有效的治理手段。该方法通过引入外部水源，打破藻类生长与磷释放之间的恶性循环，直接降低水体中的磷含量，从而抑制藻类的过度增殖。同时，引水过程中的物理冲刷作用还能促使水体 pH 下降，这有助于减缓基底中磷的进一步释放，形成良性循环。

特别地，当引入的水体中富含钙离子与碳酸根离子时，这些离子在水中相遇易形成 $CaCO_3$，这一过程不仅消耗了水中的碱性物质，进一步降低了 pH，还间接促进了水体环境的改善。

此外，引水冲洗还能显著提升水体的透明度，这是改善水质、促进沉水植物生长的重要前提。随着透明度的提高，阳光能够更有效地穿透水体，为沉水植物提供必要的光照条件，促进其光合作用与生长发育，进而加速湿地生态系统的整体恢复进程。

2. 污染源控制与治理技术

在湿地保护与恢复过程中，有效控制污染源是至关重要的一环。针对河流与湖泊的入水口，我们可以采取前置预防措施，如安装沉淀池，利用重力作用有效沉淀进入湿地的泥沙与漂浮物，降低它们对湿地水质的直接影响。同时，结合拦污网的使用，能够进一步拦截并去除漂浮在水面的杂物，双管齐下，确保进入湿地的水体相对清洁。

针对农村生活污水这一主要污染源，我们应从源头抓起，鼓励并推广在每户家庭安装小型生活污水处理设备，通过生物技术或物理化学方法处理污水，确保其达到排放标准后再进行排放。对于已经排放至环境中的污水，则需采取更为集中的处理方式，如构建人工湿地处理系统或采用砂滤池等技术手段，有效去除污水中的有害物质，减轻对自然水体的污染负担。

此外，城市生活污水、工业废水以及农村混合污水的处理亦不容忽视。我们应建立全面的污水处理体系，根据各类污水的特性制定针对性的处理方案，确保所有污水在排放前均能达到环保标准。

值得一提的是，随着湿地生态功能的逐步恢复，我们可以充分利用其自然净化能力，开展湿地净化污水的实验性研究。通过详细记录并分析湿地处理污水的效率与效果，逐步扩大用于污水净化的湿地面积，最终实现湿地自我净化与人工处理的有效结合，甚至在某些条件下完全依赖湿地自身的净化能力，达到节能减排、生态友好的目标。这一过程不仅有助于减轻人工污水处理设施的压力，更是对湿地生态价值的一种深度挖掘与利用。

3. 植物浮岛技术

植物浮岛技术是一项创新的水环境治理与生态修复策略，其核心在于在水体表面构建浮动平台，以此作为基质种植经过筛选的高等水生植物或适应性强的改良陆生植物。这一技术不仅美化了水面景观，更通过植物根系的吸收、吸附作用，有效减少了富营养化水体中的氮、磷及其他有害物质，实现了水质的自然净化。

具体而言，植物浮岛（简称"浮岛"）采用有机或合成材料作为载体，精心布局植物群落，形成了一个独特的生态系统。这些浮岛上的植物如同天然的水质净化器，它们不仅吸收水中的营养物质，促进水体中悬浮物的沉降，从而显著改善水质；同时，浮岛的存在还减缓了风浪对岸边堤坝的直接冲击，为岸线提供了稳定的缓冲区域，有利于保护堤岸免受侵蚀，也为水生动植物创造了更加安全、适宜的栖息环境。

实践表明，浮岛的面积与其对风浪的拦截效果成正比，面积越大，对风浪的缓冲作用越强，对堤岸的保护也更为显著。此外，浮岛系统具有较强的适应性，即使在枯水期也能持续发挥作用，维护水体的生态平衡。

鉴于其显著的环境效益与生态效益，植物浮岛技术自问世以来便受到了国际社会的广泛关注与推崇，迅速在全球范围内得到推广与应用。特别是在德国、日本、美国、新西兰等国家，浮岛不仅被用于水质净化与景观美化，还成了提升生物多样性、改善生物栖息环境的重要手段，展现了其作为多功能水生态修复技术的巨大潜力。

二、湿地生物恢复技术

湿地生物，作为湿地生态系统不可或缺的基石，其多样性与功能对维持生态平衡至关重要。湿地植物凭借其独特的吸收、过滤、沉降能力，以及根区微生物的协同分解作用来有效净化水质，是湿地自我净化机制的核心。同时，湿地中的微生物与特定水生动物，通过捕食藻类等浮游植物，对缓解水体富营养化亦发挥着重要作用。然而，在湿地生物恢复的实践中，重点往往聚焦于湿地植被的复原，因为植被不仅是生物多样性的基础，还深刻影响着湿地生态系统内各过程的顺畅进行。

湿地植被通过其独特的形态学特征直接映射环境状况，同时具备高度的环境适应性，能够迅速响应环境变化并促进湿地生态系统的自然演替与发育，是维护湿地稳定与平衡的关键。因此，在湿地生态修复与重建的宏伟蓝图中，恢复湿地植被无疑是最为关键的一步。为实现这一目标，我们需综合运用多种技术手段，包括但不限于精选适宜的物种进行栽种、促进物种自然繁殖、科学调控种群动态与行为、优化群落结构配置、引导群落合理演替等，以全面、系统地推动湿地植被的恢复与生态功能的重建。

（一）物种恢复技术

物种恢复指的是物种的引入、栽种以及保护管理；物种恢复技术包括物种选育技术、物种栽植技术、种子库技术、水生植物恢复技术等。

1. 物种选育技术

在进行湿地植被恢复项目时，首要步骤便是精准选定适宜的栽植植物物种。王维明等学者的研究及实地调查深刻揭示了物种选择对于植被重建成功与否的决定性影响。为确保治理成效显著，所选植物种类必须兼具良好的水土保持功能与经济价值，并适应当地生态环境。

具体而言，植物物种的选择应遵循以下五大原则。

生态适应性原则：关键在于确保所选物种能够契合受损湿地的特定地形、水文及气候条件，展现出强大的生存能力，能在该环境中有效成活、苗壮成长并顺利繁殖，从而适应并恢复湿地生态系统。

生态安全性原则：所选物种必须经过严格筛选，确保其不具备生态入侵性，不会对当地自然环境和原有植被群落造成负面影响。优先选用本地物种是明智之举，因为它们天生具备较强的生存能力和广泛的适应性，且能有效避免生物入侵问题。若需引入外来物种，务必事先评估其适应性，并通过小规模试种验证其安全性，再行推广种植。

易繁殖与抗逆性原则：所选植物应具备快速繁殖、生长迅速的特点，同时展现出强大的抗病虫害、抗污染及逆境生存能力，以适应多变的环境条件，确保植被恢复工程的持续性和稳定性。

水土保持能力原则：优先考虑根系发达、枝叶繁茂且萌蘖力强的植物种类，这类植物不仅能有效稳固土壤、抵抗风浪侵蚀，还能提升堤岸稳定性。同时，选择能改善土壤结构、提升土壤肥力及生产力的植物（如阔叶型乔灌木和豆科植物），对于促进湿地生态系统的全面恢复至关重要。

景观与经济性原则：在确保上述原则得到满足的基础上，我们应倾向于选择易于获取、成本可控且具有一定观赏价值的植物种类。这样不仅能美化环境，提升湿地景观品质，还能在一定程度上降低项目成本，实现生态效益与经济效益的双赢。

2. 物种栽植技术

在湿地植被恢复过程中，依据恢复原理精心挑选植物种类并采用适宜的种植技术至关重要，以确保受损湿地得到有效修复。针对不同植物物种及环境特点，选择合适的种植方法对于提高植物成活率尤为关键。

直接播种技术：此方法成本低、效率高，播种时间灵活，尤其适合在每年 10 月至次年 3 月进行，能够模拟自然更新过程。然而，其成功率受环境影响较大，且初期竞争力较弱。因此，在采用时需综合考虑环境条件及后续管理措施。

繁殖体移植技术：特别适用于无性繁殖植物，通过移植根茎或茎段来快速恢复植被。尽管此方法能显著提高移植成活率，但成本较高且耗时较长。定植密度的优化是确保移植成功的关键，当前研究正致力于以最小密度实现最大恢复效果。

裸根苗移植技术：相比直接播种，裸根苗受外界干扰较小，监测方便，初期生长迅速且成功率高。但种植季节受限，我们需确保苗木在休眠状态下移植。冷藏技术虽能延长种植时间，但可能影响苗木生存能力，需谨慎应用。

容器苗移植技术：具有生长周期短、种子利用率高、可在生长季节种植等优势，且容器苗根系发达，适应性强。然而，其成本高、操作复杂，难以大规模应用。在受损严重的湿地恢复中虽常用，但对种植技术要求高，在灌溉条件差或土壤准备不足的区域成活率受限。

草皮移植技术：利用未受干扰区域的原始植被进行移植，是快速恢复湿地植被的自然方法。该技术可人工或机械实施，但要求草皮厚度足够，以避免移植失败。尽管效果显著，但工作量大且可能对周边自然植被造成影响，需谨慎规划与实施。

综上所述，各种种植技术各有优劣，实际应用中应根据具体情况灵活选择，综合考虑成本、效率、环境影响及后期管理等因素，以实现湿地植被的高效恢复。

3. 种子库技术

广义而言，种子库涵盖了土壤表层及基质中所有具备繁殖潜能的种子、果实、无性繁殖体及可再生的植物结构体，是自然界中植物生命延续的宝贵资源库。而狭义上，种子库专指那些潜藏于土壤及基质中，仍保有生命力的植物种子集合。无论广义还是狭义，种子库均承载着过往植被的"遗传记忆"，对退化或受损湿地的自然恢复起着至关重要的作用。它们不仅能够迅速补充湿地新生个体，推动生态演替进程，还是预测未来区域植被格局与结构变化的重要依据。

作为植被恢复的关键工具，种子库蕴含了特定区域的独特物种组成与遗传特征，能够依赖自身资源促进退化或受损湿地植被的重建，对于维护生物多样性具有不可估量的价值。然而，种子库功能的发挥并非无虞，它受到多方面因素的制约，既有来自外部环境的挑战，如气候条件、土壤质量等，也有种子库自身的局限性，比如物种构成的差异、种子的萌发特性等，这些因素共同影响着种子库的生态效能。因此，在利用种子库进行湿地恢复时，我们需综合考虑并科学应对这些影响因素，以确保恢复工作的有效性和可持续性。

4. 水生植物恢复技术

水生植物是湿地植被中最重要的组成部分，水生植被的恢复也是受损或退化湿地植被能否成功恢复的关键。湿地功能的发挥与水生植被密不可分，而且水生植物还能净化水质并抑制水华的发生。因此，我们应尽可能地为水生植被的恢复创造适宜的环境条件，利用多样化的技术方法，适度恢复水生植被，并同时合理配置水生植被的群落结构。

（1）沉水植物恢复技术

在恢复沉水植物生态的过程中，我们需充分考虑水体透明度、水下光照强度及水质状况对植物生长、存活与繁殖的深刻影响。因此，综合运用工程技术与生物技术，通过人工调控手段减少湿地内外源污染，净化水体，提升透明度与水下光照条件，是确保沉水植物有效恢复的关键。以下是几种针对性的恢复技术。

①生长床－沉水植物移植技术：针对淤泥稀少或无淤泥区域，特别是深水区光照不足导致沉水植物生长受限的问题，该技术应运而生。生长床设计精巧，包含浮力调控、植物及生长基质、深度调节与固定四大系统。浮力调控利用浮球与浮力竹节组合，确保生长床稳定漂浮；植物与基质部分则集成了沉水植物、生长介质与承泥装置；深度调节系统通过精细刻度与连接线精准控制生长床深度，以适应不同透明度水体；固定系统则全方位确保生长床及植物的稳定位置。

②浅根系沉水植被恢复技术：针对湿地浆砌基底或无软底泥的水域，该技术通过将浅根系植物与土壤形成的复合体直接或包裹后抛植入水，利用植物自带的土壤初期生长，随后逐渐扎根于水体底部。所选植物需具备浅根系且对水深适应性强的特点，如竹叶眼子菜、黑藻、伊乐藻等，以适应特定环境条件。

③深根系沉水植被恢复技术：在透明度较低的水域或追求快速恢复效果时，该技术采用容器育苗种植法，即先在营养钵或育苗板中预先培育深根系沉水植物至一定规模，再进行移植。常用植物包括黑藻等。此外，还可采用悬袋种植、沉袋种植等灵活方式，以适应不同恢复需求，确保深根系沉水植物能够迅速建立并稳定群落结构。

（2）挺水植物恢复技术

在恢复挺水植被的过程中，首要任务是精心改造基底，通过细致的平整处理，为后续的地形地貌再造奠定坚实基础。这一步骤旨在创造一个既整体平坦又局部富有起伏的基底环境，既便于植物根系生长，又丰富了景观层次。

基底改造完成后，紧接着需引入先锋物种——这些植物往往具有较强的适应性和繁殖能力，能够迅速在新生基底上扎根生长，从而有效改善局部环境条件，如土壤结构、水分状况及微气候等。随着先锋物种的成功定植与生长，它们将为后续植物群落的引入创造更加适宜的生长环境。

在此基础上，我们可逐步引入其他挺水植物种类，构建多样化的挺水植物群落。这一过程需根据生态演替规律，科学规划植物种类与配置方式，确保各物种间能够和谐共生，共同促进湿地生态系统的稳定与恢复。通过这一系列精心设计的恢复措施，挺水植被不仅能够得到有效恢复，还能显著提升湿地的生态功能与景观价值。

（3）浮叶植物恢复技术

浮叶植物相较于沉水与挺水植物，展现出对水质更强的耐受力，这得益于其粗壮的繁殖体，这些繁殖体能够储存丰富的营养物质，为浮叶植物的生长提供充足的支持。浮叶植物的叶片漂浮于水面之上，这一特性使得它们能够直接接触空气和阳光，无须特殊的水质或光照条件即可茁壮成长。因此，在种植或移栽浮叶植物时，操作相对简便。

不同种类的浮叶植物的种植方法各有特色。例如，菱科植物（如菱），可以直接通过撒播种子的方式进行种植，这种方法既简单又高效，且种子易于采集。但值得注意的是，在初夏时节移栽幼苗时需格外小心，以免对植物造成不必要的伤害。

金银莲花则展现出独特的繁殖策略，它在秋天会形成一种特化的肉质莲座状芽体。这些芽体在掉入水中后能够越冬，并在次年春天萌发成新的植株，这种自然更新的方式使得金银莲花的种群得以延续。

睡莲的种植方法同样多样，既可以在早春萌芽前进行块茎移栽，也可以直接移栽幼苗或已开花的植株。由于睡莲具有较强的适应性和生命力，这些移栽方式的成活率普遍较高。综上所述，浮叶植物的种植与移栽相对灵活多样，且多能适应不同的环境条件。

（二）种群恢复技术

种群恢复技术在湿地植被恢复中扮演着至关重要的角色，涵盖了种植密度控制、种群竞争控制以及造林等多种技术。

1. 种植密度控制技术

种植密度是湿地植被恢复成功的关键因素之一，它直接关系恢复目标的实现与成本效益的优化。确定合理的种植密度需综合考虑目标植被覆盖率、整地质量、种植效率、物种特性及存活率等多重因素。尽管湿地恢复区域可能面临洪水淹没、动物啃食及种群竞争等不利条件，影响苗木的最终存活率，但在初始种植阶段，种植密度往往不直接依据这些潜在风险进行调整，而是基于更为宏观的生态恢复目标进行设定。

2. 种群竞争控制技术

湿地恢复过程中，外来杂草、本土杂草及潜在入侵物种的竞争是不可忽视的挑战。这些竞争可能导致三种结果：形成正常的杂草群落、问题杂草（尤其是攀缘植物）泛滥，或是外来物种入侵。针对这一问题，我们主要采取耕作和除草剂两种控制手段。耕作通过翻耕湿地土壤，减少杂草基数；而除草剂则直接作用于杂草，抑制其生长。特别是在曾作为农田使用的湿地，杂草竞争尤为激烈，需采取更为积极的控制措施。

3. 造林技术

在湿地恢复中，除水生植物外，防护林的种植同样重要。防护林不仅能减缓风速、减少水分蒸发、拦截污染物、防止地表径流，还能涵养水源，为野生动植物提供优质的栖息环境。然而，防护林强大的蒸腾作用可能对湿地水平衡产生一定影响，因此在种植时需保持适当距离，避免对湿地生态系统造成不利影响。若湿地周边已存在草本植物缓冲带或结构完善的水陆交错带，可直接结合防护林种植，构建草林复合系统，以更全面地促进湿地恢复。一般而言，防护林的适宜宽度在 30～50 米。

（三）群落恢复技术

群落恢复既包括恢复又包括对演替过程的控制。所涉及的技术包括群落空间配置技术、植被带恢复技术、群落镶嵌组合技术等。

1. 群落空间配置技术

在湿地植被恢复与配置过程中，我们需综合考虑湿地的形态特征、底质条件、水环境特性及气候条件等多重因素，以科学规划群落的水平与垂直结构。通过精心搭配不同生活型的植物物种，旨在丰富生物多样性，增强群落稳定性与适应性，同时利用优势种的季节性变化，确保湿地植被四季常青，形成持续稳定的生态系统。

在具体配置时，我们应基于各区域现有物种资源，结合不同区域的环境条件，选择具有广泛生态位宽度且能与其他植物形成良好生态位重叠的物种进行组合。以下是一些常见湿地类型的植被配置建议。

（1）湖泊与池塘湿地

由于湖泊与池塘水深不一、风浪较小、基质较厚，可依据挺水、浮水、沉水区的自然划分进行植被配置。

挺水区适宜种植芦苇、荻、菖蒲、莲、水葱、香蒲、灯芯草、千屈菜、莎草、酸模叶蓼等植物。

浮水区则可栽种睡莲、芡实、萍蓬草、凤眼莲、莼菜、莼菜、野菱、茶菱、满江红等浮水植物。

沉水区则选择苦草、竹叶眼子菜、茨藻、黑藻、狐尾藻、金鱼藻等沉水植物。

（2）河流湿地

鉴于河流水流湍急、水位落差大、基质贫瘠且需考虑泄洪与通航安全，植被配置应集中在非主河道或开阔地带。

我们应选用能适应快速水流、耐贫瘠且不影响水利功能的植物种类进行种植。

（3）水库湿地

水库水深且落差大，植被恢复需特别考虑水深限制及泄洪影响。

对于挺水植物，在水深较大区域可采用人工浮岛技术种植，确保植物成活。

浮水区可种植大藻、凤眼莲、水鳖、槐叶萍等浮水植物，但需避开泄洪口并设置保护措施。

沉水植物应种植于光照充足区域，其分布深度受水体透明度影响，可深达水体透明度两倍以上。

在水陆交界区，针对季节性水位大幅变动，推荐种植高茎草本植物或湿地木本植物，以适应不同水位变化。

通过上述科学配置，不仅能够有效恢复湿地植被，还能提升湿地生态系统的整体功能与稳定性，促进生物多样性保护与可持续发展。

2. 植被带恢复技术

在推进湿地植被带恢复的过程中，首要步骤是构建先锋"水草"带。这一区域作为生态恢复的起点，通过部署新型高效的人工载体，搭载"先锋植物"，旨在迅速改善水体环境。此带宽度建议设定为 10~15 米，随着时间的推移，它将成为细菌、藻类、原生动物及后生动物等多元生物共生的稳定群落基石，促进生物链的完整恢复。此人工基质生态缓冲区，不仅能够提升水体透明度、净化水质，还为生物提供了宝贵的栖息空间，增加了生物多样性，并有效减缓了风浪对岸边的侵蚀。

紧接着，湿地植被带的全面恢复工作可围绕三个核心区域展开。

岸带水域 – 挺水及浮叶植物带：这一区域位于水陆交错带，是湿生与挺水植物群落以及近岸浮叶植物群落构建的重点。初期，通过种植先锋水生植物，进一步优化环境条件，为后续沉水植物群落的成功建立奠定基础。考虑到生态系统恢复过程中的自然波动，可能需要多次构建先锋植物群落，直至形成稳定的生态系统。当水体环境适宜沉水植物生长时，适时引入并促进其发展，同时适度降低先锋植物密度，确保生态位的合理分配。在生态岸带改造过程中，可结合实际情况构建芦苇、荻、香蒲等群落，而在极端环境下，则可采用人工水草等高科技材料辅助恢复。

近岸水域浮叶植物 – 沉水植物带：随着水体透明度的提升，于堤岸一定距离外开始布局浮叶植物与沉水植物。浮叶植物应环绕挺水植物种植，覆盖率控制在 30% 以内，推荐物种包括睡莲、萍蓬草、金银莲花等。这一布局旨在形成层次分明的植被结构，增强生态系统的稳定性与复杂性。

离岸沉水植物带：在环境条件适宜的离岸区域，初期可通过人工种植方式引入沉水植物。随着环境质量的持续改善，逐步扩大种植范围，直至形成连片的沉水植物群落。主要推荐种植苦草、罗氏轮叶黑藻、狐尾藻、金鱼藻等物种，这些植物不仅有助于进一步净化水质，还能强化湿地生态系统的整体服务功能。

3. 群落镶嵌组合技术

群落镶嵌组合技术旨在依据不同种群的独特生态特性，巧妙地将各种生态类型的种群斑块融合于一体，构建出既具有鲜明时空分布特征，又充满活力的群落景观。这种组合方式在时间上确保了群落能够随着季节更迭展现丰富的季相变化，而在空间上则满足了不同生境对植物分布多样性的需求。

针对湿地这一特殊生态系统，其植物群落以草本植物为主，这类植物往往生长期相对较短，且在衰亡季节可能对整体景观产生影响，甚至引发"二次污染"。因此，在进行湿地植物恢复时，我们不仅要确保所选植物种类适应当地生态环境，还需特别关注季节性的物种镶嵌组合以及乔木、灌木、草本植物之间的合理配置比例。

通过精心设计的季节性物种镶嵌组合，我们可以确保湿地中一年四季均有植物存活并生长茂盛，充分发挥其生态服务功能。春季，我们可以选择早春开花的植物作为先锋种，迅速占领生态位并美化景观；夏季，则以耐高温、耐水湿的草本植物为主，辅以适量的灌木，形成茂密的植被覆盖；秋季，注重选择秋色叶树种或果实观赏价值高的植物，增添季节色彩；冬季，则利用常绿乔木和灌木保持绿量，同时考虑引入一些具有冬季观赏特性的植物，如宿根花卉的残枝或果实。

此外，合理的乔木、灌木、草本植物配置比例也是关键。乔木作为群落的上层结构，不仅提供遮阴和生态位分化，还能通过落叶积累有机质改善土壤条件；灌木层则丰富了群落层次，增加了生物多样性；草本植物则迅速覆盖地面，减少水土流失，同时作为食物链的基础环节，支持着湿地生态系统的正常运转。通过科学规划这三类植物的比例，可以构建出结构稳定、功能完善的湿地植物群落。

（四）湿地植被恢复管理技术

1. 水位管理

植物栽植后的水位管理对于其生长及湿地生态系统的恢复至关重要。初期，适度提高水位不仅能为植物提供充足的水分支持其生长，还能有效抑制陆生杂草的滋生，维护植被的纯净度。然而，水位调控需谨慎，避免过度抬高以致淹没植物嫩芽，影响其正常生长。随着植物的生长周期推进，应视其生长状况适时、适度地调整水位，确保植物始终处于最佳生长环境之中。

针对水资源相对匮乏的湿地，定期灌溉成为保障植物生长的关键措施。建议5~10天对植物进行一次漫灌，确保水分供应充足，满足其生长需求。待植物生长趋于稳定，尤其历经一个完整生长周期后，可再次适度提升水位，以增强植物对干旱环境的适应能力。通常情况下，经历两个生长季节的适应与成长，植物即便遭遇短期干旱，也能依靠湿地内的水分储备维持生命活动；而在极端干旱条件下，即便地上部分受损，地下根系往往能够存活，静待环境改善后重新焕发生机。

对于水生植物而言，春季发芽期的水位管理尤为精细。需严格控制水位，防止其过高而淹没嫩芽，影响植物的正常萌发。同时，保持水位的动态变化，模拟自然条件下的水位涨落，有助于促进植物群落的自然形成与稳定，恢复湿地水环境的生态功能。这种管理方式不仅有利于水生植物的健康成长，还能增强湿地整体的生态韧性和自我恢复能力。

2. 杂草与虫害管理

为确保湿地恢复项目的顺利进行，及时发现并有效清除杂草是至关重要的环节。在恢复初期，特别是开始后的4~6个月，应每15天进行一次杂草的细致检查与清除工作，以遏制其迅速蔓延的趋势。随后，随着植被逐渐恢复稳定，检查频率可适当调整为每3个月一次，但仍需保持高度警惕，以防杂草卷土重来。

对于水生植物而言，真菌感染与虫害问题是影响其健康生长的主要威胁。为防止这些问题的发生，我们需采取一系列预防措施：首先，严格把关引入的植物，避免带入任何带病植株；其次，合理规划栽植密度，确保植株间有良好的通风条件，同时保证每株植物都能获得充足的光照；最后，需定期对植株的生长状况进行细致观察，一旦发现疑似病害症状，应立即采取措施，将带病植株隔离并清除，以防病情扩散。

若不幸遭遇虫害侵袭，应迅速识别致病昆虫的种类，并据此选择适宜的灭虫方法。这包括但不限于喷洒针对性的化学药剂、采用物理手段去除虫卵、或利用黑光灯等物理诱捕装置进行害虫诱杀。在实施灭虫措施时，应充分考虑生态平衡与环境保护，力求以最小的环境代价实现最有效的虫害控制。

3. 施肥管理

施肥能够有效促进种子植物的生长。不过也有实验证明，施肥只对种子植物幼苗的生长有促进作用，对其成熟的个体无显著影响。

4. 植物管理

在湿地恢复的初期阶段，每 15 天进行一次全面检查是确保恢复工作顺利进行的关键环节。这一检查流程不仅限于杂草的监测与清除，还需涵盖多个方面以确保湿地生态系统的整体健康。

首先，检查是否有动物对新栽植物进行采食或破坏是至关重要的。动物活动可能对恢复中的植被造成直接伤害，因此我们需密切关注并采取相应措施，如设置防护网或驱赶装置，以减少动物损害。

其次，环境条件的监测同样不可或缺。检查湿地内是否有淤泥淤积现象，这不仅影响水流循环，还可能对植物生长造成不利影响。一旦发现淤泥淤积，应及时采取措施进行清理，以恢复湿地的自然水流状态。

对于生长状况不佳的植株，我们应及时进行清除并补种。这有助于维护湿地植被的整体覆盖率和多样性，确保恢复工作的连续性和有效性。

最后，在每年春季和秋季，我们还需根据季节特点进行相应的管理措施。春季是植物生长的关键时期，应对恢复区内的空白区域进行及时补种，以填补空缺并促进植被的连续覆盖。而秋季则是对水生植物进行适当收割的时机，但需注意在不干扰湿地动物栖息的前提下进行，以维护生态平衡。

湿地周围的缓冲区同样需要加强管理，我们应及时清除杂草以防止其向湿地内部扩展，并通过修建栅栏等措施阻止牲畜等外界因素进入湿地造成破坏。同时，我们应定期对栅栏进行检查和维护，确保其完好无损，以持续发挥保护作用。

湿地恢复初期的定期检查与综合管理是确保恢复工作成功的重要保障。通过细致入微的观察和及时有效的应对措施，可以最大限度地减少不利因素对湿地生态系统的影响，促进湿地植被的快速恢复和生态功能的全面强化。

5. 封育管理

实施封育管理对正处于恢复阶段的湿地而言，无疑是强有力的催化剂，能够显著加速其自然恢复进程。通过限制人类活动的干扰，封育管理为湿地提供了一个相对封闭且稳定的恢复环境，湿地植被能够在没有外界压力的情况下自由生长，从而迅速提高植被覆盖度，并为生物多样性的提升奠定坚实基础。

然而，湿地恢复并非孤立的过程，它需要综合考虑多种生态因素之间的相互作用。除了封育管理外，我们对水生动物及牲畜的有效管理同样至关重要。特别是对于草食性水生生物（如某些水禽）的管理，必须引起高度重视。这些生物虽然对湿地生态系统具有自然调控作用，但在恢复初期，它们对新栽种植物的威胁不容小觑。水禽可能会连根拔起植物，仅食用嫩芽，若数量庞大且未加控制，将迅速破坏恢复成果。因此，在恢复初期，我们应严格监控并适度控制这些水生生物的数量，同时可探索安装防护装置等方法，以降低它们对湿地植被的潜在危害。

对于鸟类的防护，我们可采取多样化策略，如设置物理屏障、调整湿地布局以减少鸟类栖息空间等，以确保湿地恢复工作不受干扰。此外，在湿地缓冲区种植硬叶植物或修建栅栏等防护措施，也是防止牲畜入侵、保护湿地恢复成果的有效手段。通过这些综合管理措施的实施，可以最大限度地降低外界因素对湿地恢复的不利影响，为湿地生态系统的全面恢复与可持续发展提供有力保障。

第三节　湿地功能恢复技术

一、湿地功能恢复概述

湿地，被誉为"地球之肾"，不仅是自然界中不可或缺的一部分，也是人类赖以生存的重要环境基石。它们在调节气候、平衡水文循环以及净化水质方面发挥着至关重要的作用。然而，随着城市化的快速推进和人口的不断膨胀，人类对湿地的开发利用日益加剧，却往往忽视了其生态价值的保护。

不合理的开发活动导致湿地面积急剧缩减，原有功能逐渐退化，生物多样性遭受重创。这种破坏不仅局限于湿地本身，更对周边乃至整个生态环境产生了连锁反应，影响了自然系统的平衡与稳定。面对这一严峻形势，我们必须深刻认识到湿地保护的重要性与紧迫性。

为了恢复湿地的健康状态，重建其生态系统结构与功能，实施科学有效的保护与修复措施势在必行。这包括但不限于合理规划湿地周边土地利用，减少人为干扰；采取生态工程技术，促进湿地植被恢复与生物多样性提升；加强水质管理，保障湿地水源清洁与充足；提升公众环保意识，营造全社会共同参与湿地保护的良好氛围。

总之，湿地保护与修复是一项系统工程，需要政府、科研机构、企业及社会公众等多方面的共同努力。只有这样，我们才能让"地球之肾"重新焕发生机与活力，为子孙后代留下一个更加宜居、可持续的生态环境。

（一）城市湿地生态修复

1. 城市湿地生态修复的原则

（1）生态学原则

在修复城市湿地时，应遵循生态学的基本原则，紧密结合城市生态系统的演变规律，采取有步骤、有计划性的修复策略。这一过程中，我们应特别注重生物多样性的恢复与保护，通过构建多样化的生物群落，促进湿地生态系统内部的物质循环与能量流动达到最优状态，确保生态系统的健康与稳定。

（2）风险最小化与效益最大化原则

城市湿地修复是一项技术性强、耗时耗资的工程。鉴于生态系统的复杂性和环境因素的不确定性，加之人为因素的干扰，修复工作存在一定的风险。因此，在修复过程中，应坚持风险最小化与效益最大化原则。这意味着在进行修复前，我们需进行充分的风险评估和科学规划，确保以最小的风险实现最大的生态效益、经济效益和社会效益。同时，我们还需关注修复后的湿地能否持续发挥其应有的生态功能，为社会带来长远福祉。

2. 地域性原则

在制定湿地生态恢复方案时，需要结合城市的地理位置，根据当地的气候特点，按照湿地的类型以及功能要求等，制定合理的方案。

鉴于城市湿地与自然湿地在地理、气候、类型及功能上的差异，制定湿地生态恢复方案时必须充分考虑城市的地域特征。这包括城市的地理位置、气候特点、湿地类型及其在城市生态系统中的具体功能等因素，确保恢复方案的科学性、针对性和可行性。

（二）城市湿地修复的目标

城市湿地生态修复的目标全面而多维，总体上可概括为三大方面：一是恢复湿地的核心生态功能，即强化其作为自然生命支持系统的能力；二是强化城市的人文服务功能，让湿地成为连接人与自然、促进社区福祉的桥梁；三是美化湿地环境，提高其作为休闲度假胜地的吸引力。

进一步细化至操作层面，这三大目标具体体现在以下六个细节方面。

增加物种多样性：通过科学引种与生态恢复技术，促进湿地系统中动物与植物群落的全面恢复，从而提升湿地生态系统的整体生产力与自我维持能力。这不仅有助于维持生态平衡，也可为生物多样性保护贡献力量。

恢复植被与土壤健康：确保湿地植被覆盖度恢复至原有水平，以增强地表径流的自然循环与水分涵养能力。同时，通过合理管理与土壤改良措施，提升土壤肥力，为植被生长提供良好基质，形成良性循环，进一步提升植被覆盖度。

融合美化与污水处理功能：在湿地修复过程中，注重景观美化与生态功能的有机结合，通过设计生态浮岛、湿地植物净化系统等措施，既美化环境又有效处理城市污水，实现生态与美学的双重价值。

提升湿地景观的美学价值：通过精心规划与设计，湿地成为城市中的绿色明珠，展现其独特的视觉美感与生态韵味。这不仅为市民提供了亲近自然的休闲场所，也提升了城市的文化品位与形象。

恢复并扩大湿地面积：认识到湿地面积是其发挥生态功能的基础，通过土地整合、生态工程等手段，逐步扩大城市湿地面积，确保其达到能够有效支持生物多样性、调节气候、净化水质等生态服务功能的规模。

修复湿地水文条件：针对城市湿地因人为活动干扰而受损的水文状况，采取有效措施恢复其自然水文循环。通过合理调控水位、保证水源补给、建设生态堤岸等方式，确保湿地水量充足且稳定，为湿地生态系统中的动植物及土壤提供适宜的生存环境。

二、湿地生态系统结构和功能恢复技术

（一）生态系统自我平衡维持技术

生态系统的健康稳定发展基石在于其结构与功能的完整性，而生态链（食物链）的完整则是维系这一平衡的关键。面对某些湿地高污染负荷导致的初级生产者异常增殖现象（如凤眼莲、喜旱莲子草的过度生长），恢复策略需精准把握时机，适时引入食草性鱼类等天敌，以自然调控手段遏制初级生产者的过度繁殖。此外，优选附生功能菌丰富的本土物种进行栽植，不仅有助于提升生态系统对内部生物残体的自然降解能力，还能强化系统的自我净化与平衡机制。同时，在水生植物种植布局时，我们需合理控制种植密度，为底栖动物、鱼类等预留生存空间，确保它们与附生微生物协同作用，共同维护生态系统的动态平衡。

（二）生态系统稳定调控与优化配置技术

生态系统稳定调控与优化配置技术旨在通过科学手段优化与调控生态系统的结构与功能，实现其稳定化发展，同时结合景观规划，构建完善的生态监测体系。这一过程以生态演替理论为指导，通过人工辅助手段，引导生态系统朝着满足人类需求的方向发展。然而，目前该技术仍处于深入研究与探索阶段，尚未形成成熟的应用体系，距离广泛实践应用尚有一定距离。未来，该研究需进一步突破技术瓶颈，提升生态系统调控的精准性与有效性，以更好地服务于湿地保护与恢复工作。

三、典型湿地的生态恢复模式

（一）水库消落带湿地生态恢复模式

针对雪野湖水库多样化的堤岸类型及水资源保护需求，以下是四种有针对性的水库消落带湿地生态恢复模式。

1. 滩涂型消落带——水塘湿地模式

以环湖缓坡滩地为主的滩涂型消落带地势平缓，与周边田地、坡地紧密相连，其恢复策略在于因地制宜地构建水塘系统，通过挖设水塘增加环境的异质性，随后引入多样化的植被，逐步建立起完整的植物群落，以此丰富生物多样性，促进湿地生态系统的自然恢复。

2. 梯田型消落带——阶梯湿地模式

原先存在梯级农田的梯田型消落带坡度适中，是湿地恢复的理想区域，其恢复工作应首先保护现有梯田结构，采取有效水土保持措施防止侵蚀。鉴于水库消落带的季节性淹没特性，淹没线下的区域应放弃传统农业生产，转而种植本土植物，构建稳定的植物群落，以此恢复和增强消落带的生态环境功能。

3. 陡坡型消落带——生态护岸模式

陡坡型消落带以其陡峭的堤岸和潜在的自然灾害风险（如泥石流、滑坡）著称，生态系统尤为脆弱。在此类区域，构建生态护岸成为关键，旨在通过工程技术手段实现固坡护坡，同时融入生态美学理念，提升景观价值。具体方法需根据现场条件灵活选择，既要确保结构安全，又要兼顾生态与美观。

4. 垂直型消落带——堡坎加固与生态修复模式

垂直型消落带由于缺乏自然堤岸，水体直接冲刷石壁，生态恢复难度较大。首要任务是加固石壁，确保防洪安全。随后，利用现代护坡技术如土工栅格固土等，改善石壁周边环境，为植物生长创造条件。通过科学种植与养护，逐步恢复该区域的生态功能，提高整体生态质量，形成石壁与植被和谐共生的生态景观。

（二）湖滨带湿地生态恢复模式

基于湖滨带不同类型区域的具体结构与功能差异，湖滨带湿地生态恢复模式可细分为以下四种模式。

1. 缓冲林带模式

缓冲林带的构建旨在强化生态恢复工程的稳固性，并丰富环境景观的层次感。此模式不仅追求生态效益，还兼顾观赏价值与经济实用性。通过种植高大乔灌木与草皮，形成乔灌草复合结构的缓冲带，可进一步增强生态缓冲效果。推荐林带宽度设为20～50米，选用本地适应性强的物种，如柳树、杨树、水杉等经济树种，或罗汉松、雪松、紫薇等观赏树种。灌木层可选择开花种类，草皮则推荐早熟禾属、结缕草属等本地草本植物。在改造后的缓冲带中，可额外种植耐湿速生阔叶植物，形成连续带状植被，以丰富生物多样性。

2. 乔灌草生态堤模式

针对湖滨带中因环境限制难以全面构建植被带的区域，可实施乔灌草生态堤恢复模式。该模式林带宽度同样建议为20～50米，优先选用耐湿速生树种如池杉、水杉、柳树、杨树等，林下配置结缕草属草皮，构建乔灌草一体化的生态堤岸。种植形式上，可采用点块状或带状混植方式，以优化空间布局，促进植物群落稳定发展。

3. 交错带挺水植物带模式

交错带挺水植物带是湖滨带中一块特定区域,宽度范围在 6~60 米。此区域主要栽植耐湿灌木与湿生草本植物,旨在形成灌草结合的防护屏障。灌木推荐紫穗槐、筐柳、沼柳、红皮柳等种类;草本植物则包括水葱、水莎草、水花生、水芹、灯芯草、节节草、铁线莲、普通早熟禾、中华结缕草等本地物种,以及挺水植物如茭白、芦苇、野慈姑等。条件允许时,可小规模点缀荷花,增添景观美感。栽植形式灵活多样,可采用混种或块状混交方式。

4. 浮叶与沉水植物带模式

浮叶植物恢复方面,优选菱角、浮叶眼子菜等,同时考虑引入睡莲等观赏性植物以增强景观效果。沉水植物恢复则是湖滨带湿地生态恢复的核心,推荐栽植黑藻、金鱼藻、狐尾藻、苦草、水毛茛、海菜花等。鉴于沉水植被的重要性,恢复过程中应严格遵循"先环境改善,后植被恢复"的原则,通过综合措施提升水质与环境条件,为沉水植物的生长创造良好基础,最终构建一个稳定、健康的湿地生态系统。

第六章

大气污染治理技术

第一节　大气污染治理技术的基础知识

一、气体概述

气体的特性在除尘过程中扮演着至关重要的角色，特别是对于袋式除尘器而言，这些特性深刻影响着设备的运行效率与维护策略。在选择袋式除尘器时，我们必须充分考量气体的多重基本属性，包括其压力、温度、密度、湿度以及黏度，这些因素直接关系到除尘器的压力损失、滤料材质的选择以及清灰方式的确定。

（一）气体的压力与气体状态方程

工程技术上常见的空气、烟气等气体，在压力不太高，温度不太接近气体液化点的条件下，均可视为理想气体。气体的体积 V、温度 T 及压力 p 三者的关系遵从以下状态方程：

$$pV = \frac{m}{M}RT \tag{6-1}$$

式中：p——气体的压力，Pa；

　　　V——气体的体积，m^3；

　　　T——气体的温度，K；

　　　M——气体的摩尔质量，g/mol；

　　　R——气体常数，$R = 8.314J/(mol \cdot g \cdot K)$；

　　　m——气体的总质量，g。

根据气体分子运动理论，气体的压力是大量分子对容器内壁撞击的总效果。以单位面积上所受的力来衡量，故亦称压强，单位为 Pa。

（二）气体的温度

温度是表征物体冷热程度的物理量。在工程应用中大多采用国际百分温标，即 t（℃）；在气体热力学中则采用绝对温标，即 T（K）。气体的温度是一个重要的参数，它影响气体的体积、压力、黏性、密度等参数，在除尘工程中，它还影响除尘设备的承受能力。

(三) 气体的密度

单位气体所具有的质量称为密度。气体的密度不但与组成气体的成分有关,还随着温度、压力的变化而变化。污染物和空气混合物的密度可用下式计算:

$$\rho = \varphi_a\rho_a + \sum_{i=1}^{n}\varphi_i\rho_i \qquad (6-2)$$

式中:φ_a,φ_i 分别为空气和气态污染物的体积分数;

ρ_a,ρ_i 分别为混合物总压下空气的密度和污染物的密度,kg/m^3。

(四) 气体的黏度

气体在流动过程中,其内部粒子间的相互作用会产生内摩擦力,这种特性被称为气体的黏性。黏度,作为衡量流体黏性大小的物理量,其定义是基于切应力与切应变变化率之间的比值,具体数值由流体的固有性质所决定,且可通过查阅相关表格获取不同温度下空气的黏度值。值得注意的是,气体的黏度变化趋势与液体截然不同,它随着温度的升高而逐渐增大,而与压力的关系则相对微弱,几乎可忽略不计。在袋式除尘器的应用情境中,这一特性尤为重要:滤袋所承受的压力损失直接与气体的黏度成正比,意味着黏度增加将加重滤袋的过滤负担;同时,粉尘颗粒在气体中的沉降速度却与气体黏度成反比,即黏度提升会减缓粉尘的自然沉降过程,进而影响除尘效率。因此,在设计和运行袋式除尘器时,必须充分考虑气体黏度随温度变化的规律,以优化除尘效果和设备性能。

气态污染物与空气混合物的平均黏度 $\bar{\mu}$,在低压下可用下式计算:

$$\bar{\mu} = \frac{\varphi_a\mu_a M_a^{\frac{1}{2}} + \sum_{i=1}^{n}\varphi_i\mu_i M_i^{\frac{1}{2}}}{\varphi_a M_a^{\frac{1}{2}} + \sum_{i=1}^{n}\varphi_i M_i^{\frac{1}{2}}} \qquad (6-3)$$

式中:μ_a,μ_i 分别为空气和气态污染组分的黏度,$Pa \cdot s$;

M_a,M_i 分别为空气的相对分子质量和污染组分的相对分子质量。

工业气体中,颗粒污染物体积分数的数量级一般为 $10^{-5} \sim 10^{-4}$。因此,颗粒污染物对混合物黏度的影响通常可忽略不计。

(五) 气体的湿度

气体中常含有一定的水蒸气,气体中含水蒸气的量用湿度来表示。湿度主要有以下几种表示方法。

1. 绝对湿度

绝对湿度是指单位体积气体中所含的水蒸气的质量,等于水蒸气分压下的水蒸气密度。根据理想气体方程有

$$\rho_w = \frac{p_w}{R_w T} \qquad (6-4)$$

式中：ρ_w——绝对湿度，kg/m^3；

$\quad p_w$——湿气体中水蒸气分压，Pa；

$\quad R_w$——水蒸气的气体常数，$J/(kg \cdot K)$；

$\quad T$——热力学温度，K。

2. 相对湿度

相对湿度是指气体的绝对湿度与同温度下的饱和绝对湿度之百分比，亦等于气体的水蒸气分压与同温度下的饱和水蒸气分压之比。饱和气体的绝对湿度 ρ_v 称为饱和绝对湿度，其值随温度而变。相对湿度 φ 为

$$\varphi = \frac{\rho_w}{\rho_v} = \frac{p_w}{p_v} \times 100\% \qquad (6-5)$$

式中：ρ_v——同温度下饱和水蒸气分压，Pa。

3. 含湿量 d 和 d_0

含湿量 d 代表 1kg 干气体所含水蒸气的质量（kg），即

$$d = \frac{m_w}{m_d} = \frac{\rho_w}{\rho_d} \qquad (6-6)$$

式中：m_w，m_d 分别为水蒸气和干气体的质量，kg；

$\quad \rho_w$，ρ_d 分别为水蒸气和干气体的密度，kg/m^3。

4. 水蒸气体积分数 φ_w 或摩尔分数 x_w

若以湿气体水蒸气所占体积分数 φ_w 或摩尔分数 x_w 表示湿气体的湿度，则有

$$\varphi_w = x_w = \frac{d_0}{0.804 + d_0} = \frac{\rho_{nd} d}{0.804 + \rho_{nd} d} \qquad (6-7)$$

$$d_0 = \frac{0.804 x_w}{1 - x_w} \qquad (6-8)$$

$$d = \frac{0.804 x_w}{(1 - x_w)\rho_{nd}} \qquad (6-9)$$

（六）气体的露点

露点，作为衡量气体湿度的一个重要指标，指的是在气压恒定且水蒸气含量不变的情况下，未饱和气体通过冷却达到饱和状态时的温度点。当相对湿度攀升至100%，即气体中的水蒸气含量达到其在该温度下的最大容纳能力时，任何温度的微小下降都将导致部分水蒸气凝结成液态水，这一过程被称为结露或冷凝。

在除尘器的操作环境中，结露现象极为不利。它不仅会使粉尘颗粒因含水率增加而相互黏结在滤袋表面，极大增加清灰的难度，还可能对除尘设备造成腐蚀，缩短其使用寿命。特别是当气体中含有硫化物时，硫化物溶于水形成的溶液具有强腐蚀性，

会进一步加速设备的损坏。因此，采取有效措施预防结露现象，对于维持除尘系统的稳定运行至关重要。

值得注意的是，气体的露点不仅受湿度影响，还与其具体成分密切相关。特别是当气体中含有三氧化硫等易吸湿性物质时，即使含量甚微，也可能导致露点温度显著上升，甚至超过100℃，这在实际应用中需要特别留意。以水泥厂窑尾烟气与发电厂锅炉烟气为例，两者在露点特性上的差异部分归因于气体成分的不同。水泥厂窑尾烟气中硫氧化物含量相对较低，这主要是因为硫元素在生产过程中易被原料中的碱性成分中和，从而降低了其对露点温度的影响。这一对比进一步强调了气体成分在决定露点特性方面的重要作用。

（七）气体的比热

空气、气态污染物和颗粒混合物的平均比热是混合物各组分比热的加权平均值，加权函数是组分的质量分数，于是有

$$\bar{c}_p = w_a c_{pa} + \sum_{i=1}^{n} w_i c_{pi} \qquad (6-10)$$

$$\bar{c}_V = w_a c_{V_a} + \sum_{i=1}^{n} w_i c_{Vi} \qquad (6-11)$$

式中：$\bar{c}_p, \bar{c}_V$ 分别为混合气体恒压和恒容比热，J/(kg·K)；

c_{pi}, c_{Vi} 分别为某气体污染物的恒压和恒容比热，J/(kg·K)；

c_{pa}, c_{V_a} 分别为空气的恒压和恒容比热，J/(kg·K)；

w_a, w_i 分别为空气和某气体污染物的质量分数。

二、烟气的理化性质

（一）粉尘浓度

粉尘浓度，具体指的是单位体积空气或气体中所含有的粉尘质量，是衡量空气中颗粒物污染程度的重要指标。为了保护环境和人体健康，各国环保法规均针对各类工作环境设定了粉尘的最高容许浓度标准，并对除尘设备的排放制定了严格的最高排放浓度限制。

在选择除尘器时，我们需综合考虑多种因素。对于重力除尘器、惯性除尘器以及离心力除尘器而言，一个常见的误区是认为进口废气中的粉尘浓度越高，除尘效率就越高。实际上，虽然较高的初始粉尘浓度可能在一定程度上提升这些除尘方式的效率，但同时也会直接导致出口处的粉尘浓度上升，从而可能无法满足环保排放要求。因此，单纯依赖除尘效率的高低来选择除尘器是不全面的，必须同时关注其对出口粉尘浓度的控制能力。

另一方面，对于过滤式除尘器而言，初始含尘浓度是一个尤为关键的设计参数。这类除尘器通过滤材拦截并捕集粉尘，随着运行时间的延长，滤材上会逐渐积累粉尘

层，影响除尘效果。因此，我们必须根据初始粉尘浓度选择合适的过滤材料，并设计有效的清灰机制，定期清除滤材上的积尘，以保证除尘器持续高效运行。

综上所述，在选择除尘器时，我们需全面权衡除尘效率、出口粉尘浓度控制、初始粉尘浓度适应性以及清灰方式的有效性等多方面因素，以制定出最适合特定工况的除尘方案。

（二）含尘气体的湿度

含尘气体的湿度，即气体中水蒸气的含量程度，是衡量气体潮湿状态的重要指标，常以水蒸气体积分数或相对湿度来量化。在通风除尘的专业领域内，当湿度指标超过8%的体积分数或80%的相对湿度时，该气体被定义为湿含尘气体。针对此类特殊性质的气体，在滤料选择与系统设计时需特别注意以下四个方面。

滤料选择：湿含尘气体易导致滤袋表面粉尘润湿黏结，特别是对于具有强吸水性或潮解性的粉尘，可能引发严重的糊袋问题。因此，我们应优先选用那些表面光滑、不易积尘且便于清灰的滤料材质，以确保除尘效果与设备稳定运行。

滤袋形状设计：在除尘滤袋的设计阶段，针对湿含尘气体的特性，推荐采用圆形滤袋结构。这是因为圆形滤袋相比形状复杂、布置紧凑的扁平滤袋，在清灰效果和气流分布上通常更具优势，有助于减少因湿度引起的清灰难题。

系统工况设计：在系统工况设计时，我们必须确保选定的除尘器工作温度高于气体的露点温度 $10 \sim 20℃$，以防止温度过低导致的结露现象。为实现这一目标，我们可采取的措施包括混入高温气体（如热风）以提升系统整体温度，或对除尘器筒体进行有效加热和保温，创造一个干燥的工作环境。

耐温滤料应用：处理的气体同时具有高温和高湿特性时，就对滤料的耐温性能提出了更高要求。特别是对于那些水解稳定性较差的材料，如聚酰胺、聚酯、亚酰胺等，其性能可能因水解作用而显著下降。因此，在设计阶段我们就应明确选用具有优异抗水解性能的滤料，以确保滤料在恶劣工况下的长期稳定性和耐用性。

（三）含尘气体的温度

含尘气体的温度在选择滤料时扮演着至关重要的角色，它不仅是决定滤料种类的首要因素，还显著影响着袋式除尘工程的整体造价及后续运行费用。一般而言，将 $130℃$ 以下的气体温度视为常温，而高于此温度则归类为高温。

针对高温烟气处理，存在两种主要策略：一是直接选用能够承受高温环境的滤料；二是在烟气进入除尘系统前采取冷却措施，随后选用中温或常温滤料。具体采用哪种策略，我们需通过深入的技术经济分析综合比较来确定，以确保既满足除尘需求又兼顾经济效益。

对于除尘设备而言，高温烟尘的冷却处理是不可或缺的一环。不同类型的除尘设备对烟气温度有着不同的要求。例如，旋风除尘器通常要求烟气温度不超过 $450℃$，袋式除尘器的烟气温度则依据所选滤袋材料的耐温性能而定，而电除尘器则一般限制在 $400℃$ 以下。对于湿式除尘器，若仅用于收尘目的，其处理的烟气温度通常不会超过

100℃。值得注意的是，随着技术的进步，新开发的高温高压电除尘器已能应对高达800~900℃的极端烟气温度。

对于低温烟气处理，我们必须充分考虑露点的影响。为避免烟气在除尘过程中因温度过低而结露，导致设备腐蚀或烟尘黏结，烟气温度的下限应至少高于露点20℃。在必要时，我们还需采取保温、加热或混入高温烟气等措施，以确保烟气温度维持在安全范围内，保护除尘设备及除尘过程的顺利进行。

（四）含尘气体的可燃性和爆炸性

在冶炼与化工行业的生产过程中，产生的烟尘中常含有氢气、一氧化碳、甲烷、丙烷及乙炔等可燃性气体。这些气体在特定条件下，与空气、氧气或其他助燃气体混合后，若其浓度落在某一特定区间内，一旦遭遇火源，即可能引发爆炸。这个特定的浓度范围被称为该气体或气体混合物的爆炸界限。

值得注意的是，爆炸界限并非固定不变，它受到多种因素的影响。其中，随着气体温度的升高，其爆炸界限往往会相应扩大，这意味着在高温环境下，更大的浓度范围内都可能发生爆炸。然而，其对于压力的影响则较为复杂：压力的增加可能导致爆炸界限的扩大，但也可能使其缩小，这取决于具体气体的性质以及压力升高的程度。因此，在实际操作中，我们必须充分考虑这些因素，确保生产环境的安全。

（五）含尘气体的腐蚀性

在化工废气处理及炉窑烟气净化过程中，由于这些气体中常含有酸、碱、氧化剂、有机溶剂等多种复杂化学成分，因此，我们在选择除尘器及其滤料材质时，必须深入分析含尘气体的化学特性，准确把握主要影响因素，从而做出最优选择。

不同种类的纤维因其化学结构差异，展现出不同的耐化学性能。例如，聚丙烯纤维在常温及一般湿度条件下表现出较为全面的耐化学稳定性，但一旦温度超过80℃，其性能会显著下降。相比之下，亚酰胺纤维虽然在耐温性上优于聚酯纤维，但在高温环境中的耐化学性能却略显不足。聚苯硫醚纤维以其耐高温和耐酸碱腐蚀的特性，在燃煤烟气除尘领域具有广泛应用潜力，然而，它对抗氧化剂的能力却有所欠缺，这时聚酰亚胺纤维可以作为补充，但其水解稳定性又成为新的问题。

聚酯纤维作为滤料市场的常客，常温下不仅力学性能好，还能有效抵抗酸碱侵蚀，但在高温且潮湿的环境中，其强度会因水解作用而急剧降低。至于聚四氟乙烯纤维，被誉为"塑料王"，其卓越的耐化学性能几乎无可挑剔，但高昂的价格也是其不可忽视的缺点。

选择除尘器滤料材质时，我们需综合考虑烟气的温度、湿度、化学成分以及滤料的耐温性、耐化学性、成本效益等多方面因素，以实现最佳的除尘效果和经济效益。

（六）含尘气体的预处理

为了确保除尘器能够稳定且高效地运行，针对不同类型的含尘气体，采取适当的预处理措施至关重要。以下是针对含尘气体的预处理建议。

处理含一氧化碳的含尘气体：当处理含有一氧化碳的含尘气体时，由于一氧化碳具有可燃性，且在一定浓度范围内与空气混合后遇火源易发生爆炸，因此我们必须采取安全措施。一种有效的方法是在发生炉出口烟道的高温部位导入适量空气。这一操作旨在将一氧化碳氧化成二氧化碳，因为二氧化碳的化学性质相对稳定，不易燃且不易爆，从而降低了爆炸的风险。通过这一预处理步骤，我们可以确保除尘器在处理含尘气体时的安全性。

调节高电阻粉尘的比电阻：在高电阻粉尘的场合，如燃料煤中掺入重油或高硫煤进行混烧时，粉尘的比电阻可能会过高，影响除尘器的除尘效率。为了优化除尘效果，我们需要采取措施调节粉尘的比电阻至适宜范围。一种方法是喷入水蒸气、三氧化硫等调节剂，这些物质能与粉尘中的某些成分反应，降低粉尘的整体比电阻；另一种方法是，对于燃烧重油产生的粉尘，当其电阻过低时，可通过喷入氨气来生成电阻较高的硫铵，从而将整个粉尘群的比电阻调整至理想的 $10^4 \sim 10^{11}\ \Omega \cdot cm$。这样既能避免电阻过高导致的除尘效率低下，也能防止电阻过低可能带来的其他问题。

三、净化装置的性能

（一）净化装置的处理能力

处理气体流量是衡量净化装置处理效能的一个重要指标，它直接反映了装置在单位时间内能够处理的气体量，通常以体积流量来表示。然而，在实际运行过程中，由于多种因素的影响，如处理装置本体的密封性不佳导致的漏气等，往往会造成装置进出口的气体流量存在差异。

为了更准确地评估净化装置的实际处理能力，我们不能简单地以进口或出口的气体流量作为唯一标准。因此，一种更为科学合理的做法是取装置进出口气体流量的平均值作为净化装置的处理气体流量。这种方法能够综合考虑气体在装置内部的流动情况，以及漏气等因素对处理量的潜在影响，从而提供一个更为接近实际的处理能力评估值：

$$Q_N = 0.5 \times (Q_{1N} + Q_{2N}) \qquad (6-12)$$

式中：Q_N，Q_{1N}，Q_{2N} 分别为标准状态下净化装置的处理气体流量、进口流量和出口流量（标态），m^3/s。

净化装置的漏风率 δ 可按下式计算：

$$\delta = \frac{Q_{1N} - Q_{2N}}{Q_{1N}} \times 100\% \qquad (6-13)$$

（二）净化装置的净化效率

净化效率是衡量净化装置性能优劣的关键技术指标，它直观地反映了装置去除或收集污染物的能力。具体而言，净化效率定义为在单位时间内，净化装置所去除（或收集）的污染物总量占进入装置污染物总量的百分比，这一比例通常以符号 η 来表示。

在计算净化效率时，可以根据不同的需求和分析目的，划分为总效率和分级效率两种计算方式。净化总效率是一个综合性的指标，它考量的是净化装置对全部污染物的整体去除效果，直接体现了装置的综合净化能力。而分级效率则更为细致，它关注于装置对不同种类、不同粒径或不同性质的污染物分别具有的去除效率，有助于更深入地了解净化装置对不同污染物的处理效果及可能存在的处理差异。通过这两种效率的计算，可以全面、准确地评估净化装置的性能，为后续的工艺优化和设备选型提供有力支持。

1. 净化总效率 η

净化装置进口的气体流量（标态）为 Q_{1N}（m^3/s），污染物流量为 S_1（g/s），污染物浓度（标态）为 ρ_{1N}（g/m^3），净化装置出口的气体流量（标态）为 Q_{2N}（m^3/s），污染物流量为 S_2（g/s），污染物浓度（标态）为 ρ_{2N}（g/m^3），若装置捕集的污染物流量为 S_3（g/s），则除尘效率为

$$\eta = \frac{S_3}{S_1} = 1 - \frac{S_2}{S_1} = 1 - \frac{\rho_{2N}Q_{2N}}{\rho_{1N}Q_{1N}} \tag{6-14}$$

当污染物浓度很高时，有时将几级净化装置串联使用，若已知每一级的净化效率为 η_1，η_2，η_3，…，η_n，则总效率 η_z 可按下式计算：

$$\eta_z = 1 - (1 - \eta_1)(1 - \eta_2)(1 - \eta_3)\cdots(1 - \eta_n) \tag{6-15}$$

当净化效率很高时，或为了说明污染物的排放率，有时采用通过率 P 来表示装置的性能。

通过率为

$$P = \frac{S_2}{S_1} = \frac{\rho_{2N}Q_{2N}}{\rho_{1N}Q_{1N}} = 1 - \eta \tag{6-16}$$

2. 分级除尘效率

除尘器的除尘效率确实与其处理的粉尘粒径密切相关，这一现象引出了分级效率的重要概念。具体来说，粉尘的粒径越大，由于其较大的物理尺寸和相对较低的悬浮能力，往往更容易被除尘器捕获和去除。相反，细小粉尘由于其高悬浮性和易逃逸性，通常更难从气流中分离。

分级除尘效率正是基于这一粒径差异对除尘效果的影响而提出的，它特指除尘装置针对某一特定粒径或某一粒径范围内的粉尘所展现出的除尘能力。通过计算或测量除尘器对不同粒径粉尘的去除率，我们可以得到一系列分级效率值。这些值能够详细描绘出除尘器对粉尘粒径分布的响应特性。

为了直观展示分级效率，我们可以采用多种表示方法，包括但不限于表格、曲线图或显函数。表格形式便于直接列出不同粒径区间的除尘效率值；曲线图则能更直观地反映出除尘效率随粉尘粒径变化的趋势；而显函数表达法则为分级效率提供了数学上的精确描述，便于进行更深入的理论分析和计算。这些表示方法各有优势，可根据具体需求和场景灵活选择。

设除尘器进口、出口和捕集的 d_p 颗粒质量流量分别为 S_{1i}、S_{2i}、S_{3i}，则该除尘器对粒径 d_p 颗粒的分级效率 η_i 为

$$\eta_i = \frac{S_{3i}}{S_{1i}} = 1 - \frac{S_{2i}}{S_{1i}} \tag{6-17}$$

分级除尘效率的一个非常重要的值是 50%，与此值相对应的粒径称为除尘器的分割粒径，一般用 d_c 表示。分割粒径 d_c 在讨论除尘器性能时经常用到。

3. 分级效率与总效率的关系

（1）由总效率求分级效率

在除尘器实验中，我们可以测出除尘器进口和出口的粉尘浓度 ρ_1、ρ_2 并计算出总除尘效率，为了求出分级效率，还需同时测出除尘器进口、出口和捕集的粉尘质量频率 g_{1i}、g_{2i}、g_{3i} 中任意两组数据。

$$\eta_i = \frac{S_3 g_{3i}}{S_1 g_{1i}} = \eta \frac{g_{3i}}{g_{1i}} \tag{6-18}$$

或

$$\eta_i = 1 - \frac{S_2 g_{2i}}{S_1 g_{1i}} = 1 - P \frac{g_{2i}}{g_{1i}} \tag{6-19}$$

（2）由分级效率求总效率

这类计算属于设计计算，即根据某种除尘器净化某类粉尘的分级效率数据和某粉尘的粒径分布数据，计算该种除尘器净化该粉尘时能达到的总除尘效率 η。

$$\eta = \sum \eta_i g_{1i} \tag{6-20}$$

（三）净化装置的压力损失

压力损失是衡量净化装置能耗水平的关键技术经济指标，它直接反映了气流通过净化装置时所产生的能量衰减。具体而言，压力损失是指气流在通过净化装置后，其进口与出口之间的全压差值。这一指标不仅直接关联到装置的运行能耗，还间接影响了整个系统的运行效率与成本。

压力损失的大小受多种因素共同影响。首先，净化装置的种类及其结构形式是基础性的决定因素。不同类型的净化装置，其内部构造、过滤材料、气流通道布局等方面的差异，会导致不同的压力损失特性。其次，处理气体流量的大小也是影响压力损失的重要因素。随着气流量的增加，气流在装置内部的流速会相应提高，从而导致更大的摩擦阻力和湍流效应，进而增大压力损失。

因此，在设计和选择净化装置时，我们需要综合考虑压力损失与装置性能、处理效率、运行成本等多方面的平衡关系，以确保在满足净化要求的同时，实现能耗的最优化控制。

通常压力损失 Δp（单位：Pa）与装置进口气流的动压成正比，即

$$\Delta p = \zeta \frac{\rho v_1^2}{2} \tag{6-21}$$

式中：p——气体的密度，kg/m^3；

ζ——净化装置的压损系数，无量纲；

v_1——装置进口气流速度，m/s。

净化装置的压力损失，本质上反映了气体流经装置时所需克服的阻力所消耗的机械能。这一能耗与通风机运行所耗功率直接相关，因此，从能效和经济性的角度出发，净化装置的压力损失应当尽可能保持在较低水平。

在实际应用中，多数除尘装置的压力损失被控制在 $1 \sim 2kPa$，这一数值的选择并非随意，而是基于多方面的考量。首先，这一范围内的压力损失对于大多数通风机而言是较为适宜的，既不会造成过大的能耗负担，也能确保通风机的正常运行。其次，当压力损失进一步升高时，不仅会增加通风机的制造成本，还可能使得在市场上难以找到合适的匹配机型。更重要的是，随着压力的提升，通风机的运行噪声也会相应增大，这不仅会对工作环境造成干扰，还可能引发额外的消声问题，增加整体系统的复杂性和成本。

因此，在设计和选择净化装置时，我们需要综合考虑压力损失、通风机性能、能耗、噪声以及经济成本等多方面因素，力求在满足净化效率要求的同时，实现系统的整体优化。

第二节　粉尘污染物治理技术及设备

一、机械式除尘器

机械式除尘器是一类广泛应用的除尘设备，它们主要依赖物理力（如重力、惯性力和离心力）的作用来实现粉尘颗粒与气流的分离。这类除尘器包括惯性除尘器和旋风除尘器等多种类型，它们共同的特点是结构简单、投资成本相对较低，且运行过程中的动力消耗也较少。

机械式除尘器的除尘效率通常为 $40\% \sim 90\%$，这一范围体现了其在不同工况下的适用性。尽管在某些高效除尘要求下可能显得不足，但机械式除尘器因其经济性和实用性，仍然是国内许多工业场合的首选除尘设备。特别是在处理大量排气或作为多级除尘系统中的预处理环节时，机械式除尘器能够有效减轻后续高级除尘设备的负担，提高整个除尘系统的效率和稳定性。

因此，在设计和配置除尘系统时，应根据具体的除尘要求和工况条件，合理选择机械式除尘器作为预处理或独立除尘设备，以实现经济效益与除尘效果的良好平衡。

（一）重力沉降室

1. 工作原理

重力沉降室是一种基于尘粒自身重力作用原理设计的简单而有效的除尘设备。其工作原理简述如下。

在风机驱动下，含尘气流被引入重力沉降室。进入沉降室后，由于过流面积的突然增大，气流速度迅速减缓。在这一过程中，尽管初始时尘粒与气流速度保持一致，但随着时间的推移，较大的尘粒在重力的持续作用下逐渐累积起相对于气流的向下速度，即沉降速度。随着沉降速度的不断提升，尘粒逐渐脱离气流轨迹，最终沉降到沉降室的底部，从而实现了尘粒与气流的有效分离，达到了除尘的目的。

重力沉降室的设计巧妙利用了物理学中的重力分离原理，无须复杂的机械结构或额外的能源消耗，因此具有结构简单、运行成本低廉的优点。然而，其除尘效率受尘粒大小、气流速度及沉降室尺寸等多种因素影响，通常适用于处理含有较大粒径尘粒的气流。在特定应用场合下，重力沉降室可作为预处理设备，与后续的高效除尘装置配合使用，以提高整体除尘系统的性能。

2. 结构

重力沉降室依据气流流动方向的不同，其结构设计可划分为水平气流沉降室与垂直气流沉降室两大类。在垂直气流沉降室的范畴内，又进一步细分为屋顶式沉降室、扩大烟管式沉降室以及带有锥形导流器的扩大烟管式沉降室等多种结构形式，每种形式都旨在优化气流分布，提升除尘效果。

对于水平气流沉降室而言，为了提高其除尘效率，通常会在室内增设各种挡尘板。实验证明，采用特定设计的挡尘板能显著提升除尘性能。例如，人字形挡板因其独特的形状设计，能够使进入沉降室的气体迅速扩散并均匀分布于整个空间，有助于尘粒的沉降。而平行隔板则通过降低沉降室的高度，缩短粉尘降落的时间，从而增强除尘效果。综合应用这两种挡板结构，相较于无挡板的空沉降室，除尘效率通常可提升约15%。

此外，还有一种提升水平气流沉降室除尘效率的方法是通过喷嘴喷水。这一方法利用水雾对粉尘颗粒的润湿和凝聚作用，加速其沉降。以电场锅炉烟气为例，当进口气速为0.538m/s时，若仅依靠沉降室本身，除尘效率可达77.6%。而增设喷水装置后，由于水雾与粉尘颗粒的相互作用，除尘效率能显著提升至88.3%，展现了喷水措施对除尘效果的积极贡献。

3. 应用与设计

在设计重力沉降室时，我们需基于粉尘的物理性质，如真密度和粒径，通过相关公式计算出粉尘颗粒的沉降速度。随后，我们可根据假设的气流水平速度和沉降室的高度（或宽度）来规划沉降室的长度和宽度（或高度）。这一设计过程需遵循"矮、宽、长"的原则，旨在缩短粉尘颗粒从顶部沉降到底部的时间，避免因沉降室过高而导致颗粒在沉降过程中被气流重新携带。

具体来说，在确定沉降室结构尺寸时，我们应优先考虑增加宽度并降低高度，以确保粉尘颗粒有足够的时间在沉降室内沉降下来。同时，进气管的设计也至关重要，采用渐扩管式有助于气流的平稳过渡，减少湍流和涡流现象。若场地条件有限，无法直接将进气管与沉降室连接，可增设导流板、扩散板等气流分布装置，以优化气流分布，提高除尘效率。

在选择沉降室内的气流水平速度时，我们需特别注意避免流速过高，因为这可能引发二次扬尘现象，即已沉降的粉尘颗粒被高速气流重新卷起。一般来说，实际采用的气流速度为 0.3～3 米/秒，但对于如炭黑等轻质粉尘，流速应进一步降低，以减少二次扬尘的风险。

此外，当重力沉降室用于净化高温烟气时，我们还需考虑热压作用对气流分布的影响。高温烟气可能导致排气口以下区域气流减弱，降低容积利用率和除尘效率。因此，沉降室的进出口位置应适当降低，以改善气流分布，提高除尘效果。

总的来说，重力沉降室适用于捕集密度大、颗粒大的粉尘，特别是那些磨损性强的粉尘颗粒。它能有效去除 50 微米以上的尘粒，但对于 20 微米以下的细微尘粒则效果不佳。因此，在实际应用中，重力沉降室通常作为多级除尘系统的第一级或预处理设备，与其他高效除尘装置配合使用，以达到更理想的除尘效果。

（二）惯性除尘器

1. 工作原理

惯性除尘器的工作原理核心在于利用颗粒的惯性沉降效应来达到除尘目的。当含尘气流通过除尘器时，其中的颗粒原本随气流一同运动，这种状态下颗粒与气流之间往往保持相对静止或仅有微小的相对滑动。然而，当气流中遇到静止或低速移动的障碍物（如液滴、纤维等）时，情况就会发生变化。

这些障碍物迫使气流产生绕流现象，即气流在障碍物周围形成漩涡并改变流动方向。在这一过程中，颗粒由于具有惯性，其运动轨迹无法像气流那样迅速改变，因此会保持原有的运动方向继续前行，直至受到障碍物的阻挡或受到扰流气流的拖拽力作用而减速，最终沉降到障碍物表面或被其捕获。

颗粒能否成功沉降到障碍物上，主要取决于两个关键因素：一是颗粒自身的质量，质量较大的颗粒具有较大的惯性，更难以改变其运动状态，因此更容易被障碍物捕获；二是颗粒相对于障碍物的运动速度和位置，这决定了颗粒与障碍物之间的相对接触机会和沉降条件。

（1）惯性碰撞

惯性碰撞的捕集效率主要取决于三个因素。

①气流速度在捕集体（靶）周围的分布。气流速度在靶周围的分布随着气体相对捕集体流动的雷诺数（Re_D）而变化，Re_D 为

$$Re_D = \frac{u\rho D_c}{\mu} \tag{6-22}$$

式中：u——未被扰动的上游气流相对捕集体的流速，m/s；

D_c——捕集体的定性尺寸，m；

其余各量的物理意义同前。

在 Re_D 较高时，除了邻近捕集体表面的部分，气体流型与理想气体一致，即势流；在 Re_D 较低时，气流受黏性力支配，即黏性流。

②颗粒运动轨迹分析：颗粒在气流中的运动轨迹是一个复杂且受多重因素影响的动态过程。这一轨迹主要取决于颗粒自身的质量，质量较大的颗粒由于惯性较大，其运动状态改变相对困难；同时，气流阻力也是一个关键因素，它随着气流速度的增加而增大，对颗粒的运动产生显著影响；此外，捕集体的尺寸、形状以及气流速度等也都会对颗粒的运动轨迹产生直接或间接的作用。这些因素共同作用，决定了颗粒的最终位置。

③颗粒附着效率假设：在理想情况下，我们常假设颗粒对捕集体的附着效率为100%。这意味着一旦颗粒与捕集体发生接触，就能够被有效捕获并附着在其表面，不再重新进入气流。这一假设简化了模型计算，但在实际应用中，附着效率可能会受到颗粒性质、捕集体表面特性以及环境条件等多种因素的影响，因此实际附着效率可能低于这一理想值。然而，在理论分析和初步设计阶段，这一假设有助于我们快速评估除尘器的性能。

（2）拦截

颗粒在捕集体上的直接拦截，一般刚好发生在颗粒距捕集体表面 $d_p/2$ 的距离内，所以用无量纲特性参数，即直接拦截比 R 来表示拦截率：

$$R = \frac{d_p}{D_c} \qquad (6-23)$$

对于惯性大、沿直线运动的颗粒，除了在直径为 D_c 的流管内的颗粒都能与捕集体碰撞外，与捕集体表面的距离为 $d_p/2$ 的颗粒也会与捕集体表面接触。因此靠拦截引起的捕集效率的增量 η_{Di} 是对于圆柱形捕集体 $\eta_{Di} = R$；对于球形捕集体 $\eta_{Di} = 2R + R^2 \approx 2R$。

2. 除尘效果的提升

为了进一步优化沉降室的除尘效能，一种有效的方法是在其内部巧妙地设置多种形式的挡板。这些挡板的设计旨在引导含尘气流，使其在流经时发生方向的急剧变化。当气流猛烈冲击挡板时，气流路径被迫改变，而气流中的尘粒由于具有惯性，其运动状态无法迅速调整以跟随气流的转向，因此会产生与气流的相对分离。这种利用尘粒惯性力的原理，促使尘粒在惯性力的作用下与气流分离，沉积在沉降室的底部或挡板上，从而达到提升除尘效果的目的。

3. 结构形式与特点

（1）碰撞式惯性除尘器

碰撞式惯性除尘器的核心设计在于在含尘气流的前方巧妙地布置挡板或其他形状的障碍物。当气流遇到这些障碍物时，会与之发生碰撞，利用尘粒的惯性使其与气流分离。此类除尘器可根据需要设计成单级或多级形式，但值得注意的是，尽管增加碰撞级数能在一定程度上提升除尘效率，但随之带来的阻力增加也会非常显著，因此碰撞级数通常不建议超过4级，以达到效率与阻力的良好平衡。

（2）折转式惯性除尘器

折转式惯性除尘器主要包括弯管型和百叶窗型两种。它们同样广泛应用于烟道除尘系统中。百叶窗型折转式惯性除尘器因其独特的结构，常被用作浓聚器，与另一种除尘器串联使用，以进一步提升除尘效果。该类型除尘器由一系列直径逐渐减小的圆锥体组成，构成了一个"下大上小"的百叶窗式圆锥体结构。每个圆锥体之间的环间隙不大于 6 毫米，以最大化气流的折转分离能力。在实际运行中，约 90% 的含尘气流会通过百叶窗之间的缝隙，并经历大约 150° 的急折转，尘粒在此过程中撞击到百叶窗的斜面上，随后部分尘粒可能返回至中心气流，而剩余约 10% 的气流则携带浓缩后的粉尘进入下一级高效除尘器进行进一步处理。

二、过滤式除尘技术与设备

（一）袋式除尘器的除尘机理

袋式除尘器，作为一种高效的除尘设备，其核心在于利用多孔袋状过滤元件从含尘气体中有效捕集粉尘。该设备主要由过滤装置与清灰装置两大部分构成：过滤装置负责捕集空气中的粉尘，而清灰装置则负责定期清除滤袋表面积聚的灰尘，以确保除尘器的持续高效运行。

新滤料在使用初期，其网孔相对较大（通常在 10～50 微米，对于起绒滤料则可能缩小至 5～10 微米），直接捕集粉尘的效率并不高。然而，随着过滤过程的进行，部分粒径大于滤料网孔的尘粒会被直接筛滤截留，并在网孔间形成"架桥"效应。同时，通过碰撞、拦截、扩散、静电吸引及重力沉降等多种机制，更多粉尘颗粒被纤维有效捕获。随着时间的推移，一部分粉尘逐渐嵌入滤料内部；另一部分则覆盖在滤料表面，形成一层粉尘初层。这层初层及其后续沉积的粉尘层显著增强了过滤效率，但同时也导致了阻力的增加。

袋式除尘器的高效性很大程度上依赖这层粉尘层的过滤作用，而滤布本身则主要起到支撑粉尘层和维持结构稳定的作用。然而，随着粉尘层的不断增厚，过滤阻力也随之增大，这不仅会降低处理风量（受风机性能和系统压力－风量特性的影响），增加能耗，气流速度过快还会导致粉尘层穿孔，引发漏气现象，从而降低除尘效率。更为严重的是，过大的阻力还可能损坏滤布。

因此，当阻力增大至一定程度时，我们必须及时进行清灰操作。需要注意的是，部分尘粒可能深入滤料内部或与纤维产生黏附及静电吸引，清灰后滤料上仍会残留一定量的粉尘，导致清灰后的剩余阻力（通常为 700～1000 帕）高于新滤料的初始阻力，但此时除尘效率往往更高。为了确保清灰后的效率不致大幅下降，清灰过程中应尽量避免破坏关键的粉尘初层。完成清灰后，除尘器随即进入下一个滤尘周期，如此循环。

（二）袋式除尘器的分类、结构与工作原理

1. 分类

袋式除尘器是一种高效的除尘设备，其核心在于采用棉、毛、合成纤维或人造纤维等优质织物作为滤料，精心编织成滤袋。这些滤袋作为过滤介质，能够有效地截留含尘气体中的微小颗粒，即便是粒径小至 0.1 微米的尘埃也能被成功过滤。袋式除尘器不仅除尘效率卓越，普遍能达到 99% 以上，而且其性能稳定可靠，操作简便，使得维护管理变得轻松高效。此外，该设备收集的干尘粒形态良好，便于后续的回收与再利用，体现了资源节约与环境保护的双重优势。

对于处理干燥且细小的粉尘，袋式除尘器展现出尤为出色的适应性，能够确保除尘过程的高效与彻底。然而，值得注意的是，袋式除尘器也存在一定的局限性。由于构成滤袋的滤布材质对温度和腐蚀性环境较为敏感，因此该设备主要适用于净化腐蚀性较弱、温度不超过 300℃ 的含尘气体。对于黏性强或吸湿性强的含尘气体，袋式除尘器可能因滤布易堵塞或损坏而表现不佳，因此在此类工况下需谨慎选用或采取特殊防护措施。

袋式除尘器的结构形式多种多样，通常可根据滤袋截面形状、进气口位置、过滤方式、清灰方式、除尘器内的压力状态等特点不同进行如下分类。

（1）按滤袋截面形状分类

袋式除尘器的滤袋按截面形状可明确划分为圆筒形和扁平形两大类。其中，圆筒形滤袋因其结构简单、连接便捷、清灰操作容易且受力分布均匀等优势，成为应用最为广泛的类型。其直径设计通常为 120 ~ 300 毫米，以确保既避免过小的直径导致的堵灰问题，又防止过大的直径造成空间利用率的降低，因此最大直径一般不超过 600 毫米。滤袋的长度则根据实际需求可设定为 2 ~ 3.5 米，部分特殊设计甚至可达 12 米。长径比作为滤袋设计的重要参数，一般维持在 10 ~ 25，最优值则依据滤料的过滤效能、所采用的清灰方式及设备成本综合考量后确定，某些情况下长径比可放宽至 30 ~ 40。

另一方面，扁平形滤袋，其截面形态多样，包括楔形、梯形及矩形等，与圆筒形滤袋相比，在相同体积下能额外提供 20% ~ 49% 的过滤面积，这一特性使得扁袋除尘器在处理大量含尘气体时显得尤为高效，且占地面积相对较小，结构更为紧凑。然而，扁袋除尘器在清灰及维修方面的操作相对复杂，这在一定程度上限制了其广泛应用。

（2）按进气口位置分类

袋式除尘器根据其进气口位置的差异，主要可划分为上进气式与下进气式两大类。在上进气式设计中，含尘气体自除尘器顶部进入，与被分离的粉尘共同向下流动，这种设计有助于在滤袋表面形成一层较为均匀的粉尘层，进而提升整体的过滤性能。然而，上进气方式也存在一些不足，比如配气室位于设备上部，提高了除尘器的整体高度，使得滤袋的安装过程变得相对复杂，并且上部空间可能存在积灰现象，需要定期清理。

相比之下，下进气式设计将进气口设置在除尘器的下部，通常是灰斗的上方。这

种布局使得粗大的尘粒能够直接沉降到灰斗中，减少了滤袋的过滤负担和磨损。然而，由于气流方向与粉尘的自然沉降方向相反，清灰操作后，部分细粉尘可能会重新附着在滤袋表面，从而影响了清灰效果，导致阻力增大。尽管如此，下进气式设计在结构合理性、构造简洁性、设备安装与维护便捷性以及成本控制等方面均表现出明显优势，因此在实际应用中更为广泛。

（3）按过滤方式分类

袋式除尘器依据含尘气流通过滤袋的不同方式，可明确区分为内滤式与外滤式两大类别。内滤式除尘器的工作原理是使含尘气体自滤袋内部向外部流动，在此过程中，粉尘颗粒被有效截留在滤袋的内表面上。这种设计的一大优势在于滤袋无须额外的支撑骨架，从而简化了结构，同时滤袋外侧保持为净化后的清洁气体环境。当处理常温且无毒性的烟尘时，内滤式设计允许在不中断运行的情况下进行内部检修，极大地改善了工作条件，使得操作与维护更加便捷。此外，针对含有放射性粉尘的净化任务，内滤式除尘器因其独特的优势而常被优先选用。

另一方面，外滤式除尘器则采用相反的气流路径，即含尘气体从滤袋外部进入，穿透滤袋并流向其内部，同时粉尘被阻挡并沉积在滤袋的外表面。为了确保滤袋在过滤过程中保持形态，外滤式除尘器的滤袋内部必须安装支撑骨架。然而，这种设计也带来了一些挑战，特别是在进行反吹清灰操作时，滤袋与骨架之间频繁的胀瘪动作可能导致磨损加剧，进而提高了滤袋的更换频率。此外，外滤式除尘器的维修难度也相对较大。

（4）按清灰方式分类

①简易清灰袋式除尘器

此类除尘器的过滤风速相对较低，通常为0.2～0.8米每分钟，以确保有效的除尘效果。其压力损失被控制为600～1000帕，设计合理且使用得当的情况下，除尘效率可达99%。滤袋直径多为100～400毫米，长度为2～6米，袋与袋的间距保持在40～80毫米，以确保气流顺畅。此外，各滤袋组之间还留有至少600毫米宽的通道，便于检修或更换滤袋。简易清灰袋式除尘器结构简单，安装与操作便捷，投资成本较低，对滤料要求不高，因此滤袋使用寿命较长。然而，其过滤风速较低导致设备体积相对庞大，占地面积较大；在正压运行时，工作环境可能较差，因此不适用于处理含尘浓度过高的气体，一般要求入口气体浓度不超过3～5克每立方米。

②机械振动清灰袋式除尘器

此类除尘器利用机械振动原理进行清灰，其核心设计参数包括振动频率（每分钟振动次数）、振幅（滤袋顶部移动距离）及振动连续时间。机械振动清灰袋式除尘器结构简单，清灰效果显著且能耗低，特别适用于含尘浓度不高、间歇性尘源的除尘任务。当采用多室结构并配备阀门控制气路开闭时，也可有效处理连续性尘源。其过滤风速一般设定为0.6～1.6米每分钟，压力损失为800～1200帕。

③脉冲喷吹袋式除尘器

脉冲喷吹袋式除尘器采用先进的脉冲喷吹技术进行清灰。含尘气体自除尘器下部进入，粉尘被阻留在滤袋外表面，而洁净气体则透过滤袋进入上部箱体并从出气管排出。当滤袋表面粉尘负荷达到一定量时，脉冲控制仪发出指令，依次触发各控制阀开启脉冲阀，释放气包内的压缩空气形成高速气流，通过引射器诱导二次气流共同喷入滤袋，引发滤袋急剧膨胀、振动、收缩，从而使粉尘脱落。

④回转反吹清灰扁袋式除尘器

该除尘器采用梯形扁袋沿圆筒呈放射状布置，反吹风管由轴心向上与悬臂管相连。含尘气体切向进入过滤室后，大颗粒及凝聚尘粒在离心力作用下沿筒壁旋转落入灰斗，细微粉尘则被滤袋过滤阻留。净气穿过袋壁进入净气室后排出。反吹风机构采用定阻力自动控制，根据滤袋阻力变化自动启动反吹风机工作，通过反吹风口吹入滤袋实现清灰。

⑤逆气流清灰袋式除尘器

逆气流清灰技术通过改变气流方向实现清灰目的，包括反吹风与反吸风两种方式。除尘器被分隔成多个室进行独立操作。当需要清灰时，控制仪关闭进气阀并开启反吸风阀，利用负压使空气从反吸风管吸入破坏滤袋上的粉尘层。清灰结束后关闭两阀，使袋内粉尘自然沉降，重新恢复过滤状态。清灰周期根据气体含尘浓度、粉尘特性及滤料材质等因素确定。

⑥气环反吹清灰袋式除尘器

气环反吹清灰袋式除尘器利用气环箱在滤袋外部做上下往复运动并通过气环喷管喷射高压气流清除滤袋内表面沉积的粉尘。此方法适用于处理潮湿或稍黏性粉尘且过滤风速较高（可达 4~6 米每分钟），能有效净化含尘浓度较高的气体。然而其滤袋磨损速度较快且气环箱及其传动机构可能发生故障需定期维护检修；整体压力损失为1000~1200 帕。

（5）按除尘器内的压力状态分类

按除尘器内的压力状态可分为负压式除尘器和正压式除尘器。入口含尘气体处于正压状态称为正压式。风机设置在除尘器之前，使除尘器在正压状态下工作，由于含尘气体先经过风机后才进入除尘器，对风机的磨损较严重，因此不适用于高浓度、粗尘粒、高硬度、强腐蚀性和附着性强的粉尘。入口含尘气体处于负压状态称为负压式。风机设置在除尘器之后，使除尘器在负压状态下工作，此时除尘器必须采取密封机构，由于含尘气体经净化后再进入风机，因此对风机的磨损很小，在用于处理高湿度、有毒气体时，除尘器本身应采取严格密闭和保温措施，这种除尘器造价较高。

2. 结构与工作原理

袋式除尘器作为高效的空气净化设备，其核心构造主要包括滤袋、坚固的箱体、高效的清灰机构、集尘用的灰斗以及顺畅的排灰系统。在除尘过程中，含尘气流首先自除尘器底部涌入，随后穿越圆筒形滤袋的微小孔隙。在这一过程中，气流中的粉尘颗粒被滤袋表面有效截留，而经过滤净化的空气则通过特定的出口顺畅排出。

随着时间的推移，滤袋表面会逐渐积累一层粉尘，这一过程得益于粉尘的截留、惯性碰撞、黏附效应、静电吸引以及扩散作用。这层逐渐形成的粉尘层，我们称之为粉尘初层，它在后续的除尘过程中扮演着至关重要的角色，极大地提升了除尘效率。

实际上，滤布本身主要起到支撑粉尘初层并作为其基本骨架的作用。

然而，随着粉尘的不断积聚，滤袋两侧的压力差也会逐渐增大。当压力差达到一定阈值时，部分细小的粉尘颗粒可能会被挤压穿过滤料，导致除尘效率出现一定程度的下降。同时，粉尘的积聚还会增加气体通过滤袋的阻力，这不仅会降低除尘系统的整体处理能力，还可能对生产系统的排风效果产生不利影响，具体表现为系统风量需求的显著增加。

因此，为了维持除尘器的高效运行，我们必须在其阻力达到某一设定值时及时启动清灰程序。这一步骤至关重要，因为它能有效清除滤袋上的积尘，恢复除尘效率。但值得注意的是，在清灰过程中应尽量避免破坏粉尘初层，因为一旦初层受损，除尘效果将大打折扣。

（三）颗粒层除尘器

1. 分类

（1）按颗粒床层位置分类

颗粒层除尘器根据其内部颗粒滤料的位置布局，可分为垂直床和水平床两大类。垂直床颗粒层除尘器采用垂直放置的颗粒滤料，两侧常辅以滤料网或百叶片以稳固滤料，防止其在气流作用下飞散，而气流则水平穿越滤料层进行除尘。相比之下，水平床层颗粒层除尘器则是将颗粒滤料均匀铺设于水平的筛网或筛板上，形成一定厚度的滤料层，气流自上而下通过，保持床层固定不动，这样的设计有助于提高除尘效率。

（2）按床层的状态分类

根据床层在除尘过程中的运动状态，颗粒层除尘器可分为固定床、移动床和流化床三种类型。固定床除尘器在过滤过程中床层保持静止不动，常见于水平床颗粒层除尘器中。移动床除尘器则允许床层在过滤过程中持续移动，已黏附粉尘的滤料被不断排出，同时新滤料补充进入，以维持除尘效率。移动床除尘器可进一步细分为间歇移动式和连续移动式。流化床除尘器在过滤时使床层处于流化状态，虽然效率潜力大，但实际应用较少。

（3）按清灰方式分类

根据清灰机制的不同，颗粒层除尘器可分为不再生（或器外再生）、振动反吹风清灰、梳耙反吹风清灰、沸腾反吹风清灰等多种类型。不再生滤料主要用于移动床，使用后将黏附粉尘的滤料移除并可能进行其他处理或废弃。振动、梳耙梳动、气流鼓动等方式旨在松动颗粒层，结合反吹风以实现高效清灰。沸腾颗粒层除尘器则通过控制反吹风风速使颗粒悬浮沸腾，利用颗粒间的相互摩擦去除黏附粉尘。

（4）按床层的数量分类

颗粒层除尘器还可根据床层的数量分为单层和多层两类。单层设计最为常见，而多层设计则旨在节约占地面积并提升处理气量，通过叠加多个颗粒层来实现更高效的空间利用率和更强大的处理能力。

2. 几种常见的颗粒层除尘器

（1）交叉流式移动床颗粒层除尘器

交叉流式移动床颗粒层除尘器以其独特的工作原理，即利用颗粒滤料在重力作用下的自然下落来实现清灰与滤料的更新，普遍采用了垂直床层的设计。依据气流与颗粒运动方向的差异，交叉流式移动床颗粒层除尘器可细分为平行流式和交叉流式两种。目前，交叉流式移动床颗粒层除尘器因其在除尘效率与操作稳定性方面的优势而得到广泛应用。

在交叉流式移动床颗粒层除尘器中，洁净的颗粒滤料首先被装入位于设备上方的料斗中，随后通过筛网或百叶窗的夹持作用，在颗粒床层中保持均匀的厚度。设备下部的排料器通过持续运转的传送带，确保颗粒床层中的滤料能够均匀且稳定地向下移动。当含尘气流通过专门设计的气流分布扩大斗，水平穿越颗粒床层时，气流中的粉尘颗粒被有效截留，从而实现气流的净化。

随着过滤过程的进行，积尘的颗粒滤料不断被排出系统。这些含尘滤料随后进入滤料再生装置，经过一系列的处理步骤，如机械振动、气流反吹等，使滤料表面的粉尘得到有效清除，恢复其过滤性能。经过再生的滤料可作为洁净滤料重新循环使用于除尘过程中，从而实现了资源的最大化利用与成本的节约。

（2）沸腾清灰颗粒层除尘器

沸腾清灰颗粒层除尘器的工作原理独特，含尘气体自进气口涌入除尘系统后，首先进入沉降室，其中较大的粗颗粒在重力作用下自然沉降，实现初步分离。随后，细尘粒穿越沉降室，进入滤室区域，自上而下通过由颗粒滤料构成的过滤床层。在这一过程中，细尘粒被有效截留，而净化后的气体则通过净气口排放至大气中。

随着过滤过程的持续进行，颗粒层中的容尘量会逐渐累积。当这一累积量达到预设阈值时，系统将自动启动清灰机制，执行反吹清灰操作。这一步骤旨在恢复颗粒层的过滤性能，确保除尘效率的稳定。

在反吹清灰过程中，控制风力的阀门扮演着关键角色。这些阀门可以是气缸阀门或电动推杆阀门，它们通过程序控制的电控装置实现自动化操作。以气缸阀门为例，在过滤状态下，阀门保持关闭状态，以确保净化后的气体顺利从净气口排出；而当我们需要进行反吹清灰时，气缸驱动阀门动作，打开反吹风口的侧孔，同时关闭进气口。此时，反吹气流从反吹气口进入，自下而上穿越下筛板，进入颗粒层，使颗粒滤料呈现沸腾流化状态。在这一状态下，颗粒间相互搓动、翻腾，从而有效分离并去除沉积在颗粒层中的粉尘。

随后，反吹风气流将已凝聚成大颗粒的粉尘团携带至沉降室，粗颗粒在此沉降并落入灰斗中收集，而剩余的细微粉尘则随气流继续进入其他过滤层进行进一步净化处理。最终，所有经过滤和沉降处理的粉尘都将通过排灰口定期排出系统。

为了提高除尘效率和处理能力，除尘器通常采用多层设计。每一层由两个过滤室构成，两个过滤室之间用隔板隔开以避免气流短路。根据实际需要处理的气体量大小，我们可以确定除尘器所需的层数，从而实现灵活配置和优化运行。

三、电除尘器

电除尘器,亦被广泛认知为静电除尘器,其核心优势在于其分离力——主要是静电力,其直接作用于微粒本身,而非整体气流,这一特性使得电除尘器在能耗与气流阻力方面展现出显著优势。静电力对微粒的强大作用,确保了即便是亚微米级别的细微粒子也能被有效捕获,尤其对 1~2 微米的粉尘颗粒,电除尘器的捕集效率可高达99% 以上,展现了其卓越的除尘能力。

此外,电除尘器在运行过程中,压力损失相对较低,通常维持在 200~500 帕,有效降低了系统的能耗负担。其处理烟气的能力尤为突出,单台设备即可处理高达每小时数百万立方米的烟气量,能耗则保持在每立方米 0.2~0.4 瓦的较低水平。更为难能可贵的是,电除尘器能够耐受高温及强腐蚀性气体的严酷环境,正常操作温度可轻松达到 400 摄氏度,展现了其广泛的应用适应性。

然而,电除尘器的推广与应用也面临着一些挑战。首先,其初期投资成本相对较高;其次,设备占地面积较大,对安装空间有一定要求;再次,电除尘器对粉尘性质有一定的选择性,可能不适用于所有类型的粉尘处理;最后,其结构相对复杂,对安装、维护及管理人员的专业技能水平提出了较高要求。尽管如此,电除尘器作为我国重点发展的环保设备之一,其在工业除尘领域的地位与作用不容忽视,随着技术的不断进步与应用的持续深化,其未来发展前景依然广阔。

(一)电除尘器的除尘过程与性能特点

1. 除尘过程

(1)电晕放电和气体电离

在常规状态下,气体因其所含的微量自由电子和离子而近似被视为绝缘体。然而,当这种气体被置于非均匀电场的环境中时,其性质将发生显著变化。非均匀电场的特性在于,越靠近电极表面,电场强度越强。随着电场中电位差的逐渐增大,当达到某一临界值时,气体内的自由电子会积聚足够的能量,开始与中性气体分子发生碰撞,导致这些分子电离,进而释放出更多的电子和正离子。同时,那些因碰撞而失去能量的电子会与更多的中性气体分子结合,形成负离子。这一系列连锁反应,即气体电离过程,能够在极短时间内迅速产生大量的自由电子、正离子和负离子,这一过程被形象地称为"雪崩"现象。伴随着这一过程,人们可能会观察到淡蓝色的光点或光环,并偶尔能听到轻微的气体爆裂声,这便是电晕放电现象的直接体现。而引发这一现象的最低电压,则被称为起晕电压。

电晕放电现象往往首先出现在放电极附近,因此放电极也被特称为电晕极。一旦电晕放电发生,电场内部将自然划分为两个截然不同的区域:紧邻放电极的狭小空间(2~3 毫米),被称为电晕区;而电场中剩余的更广阔区域,则相应地被称为电晕外区。在电晕放电的影响下,电晕外区迅速充满了由气体电离产生的大量自由电子、正离子和负离子，这些带电粒子在电场力的作用下向各自的异性电极移动，形成了独特的电荷分布格局。

（2）粒子荷电

电除尘过程中的首要环节便是粒子的荷电，这一过程对于后续粒子的有效捕集至关重要。荷电量直接决定了粒子被捕集的难易程度：荷电量越大，粒子越容易被电场吸引并捕获。在电场空间内，气体溶胶粒子通过与自由电子、气体正负离子的碰撞与附着，实现了自身的荷电。

值得注意的是，不同大小的粒子在荷电过程中所获得的电荷量存在显著差异。一般而言，直径为 1 微米的粒子在荷电过程中大约能捕获到相当于 30000 个电子的电量。这一特性对于电除尘器的设计与优化至关重要，因为它直接影响除尘效率。

在除尘器的电晕电场中，粉尘的荷电机理可以归结为两种主要类型：电场荷电（或称为碰撞荷电）和扩散荷电。电场荷电是指气体离子在静电力的驱动下，沿着特定方向运动，并与粉尘颗粒发生碰撞，从而使粉尘颗粒带电的过程。这种机理主要依赖电场强度、离子浓度以及粉尘颗粒的尺寸和形状。

相比之下，扩散荷电则是一种更为随机和被动的荷电方式。它发生在气体离子进行无规则热运动时，与粉尘颗粒发生碰撞并导致粉尘带电。由于这种荷电方式不依赖于电场方向，因此它更多地受到气体温度、压力和粉尘颗粒表面积等因素的影响。

理解这两种荷电机理对于优化电除尘器的性能至关重要。通过调整电场参数、改善气体流动条件以及优化粉尘颗粒的预处理步骤，我们可以显著提高粉尘的荷电效率，进而提升除尘器的整体除尘效果。

（3）带电粒子在电场内的迁移与捕集

在电场内，荷电粒子在电场力的驱动下，同时受到空气阻力的影响，向集尘板方向移动。这一过程中，粒子所达到的最终电力沉降速度被定义为粒子的驱进速度，它是衡量粒子在电场中迁移效率的重要指标。荷电粉尘的捕集主要通过两种方式进行：一是让粉尘通过连续的电晕电场，实现即时荷电与捕集，这种除尘器被称为单区电除尘器；二是粉尘先在电晕电场中荷电，随后进入纯静电场区域完成捕集，这种分区操作的除尘器则称为双区电除尘器。

（4）清灰过程

在电除尘器的运行过程中，电晕极和集尘极上均会逐渐沉积粉尘层，其厚度可从几毫米至几十毫米。粉尘在电晕极上的沉积会干扰电晕放电的稳定性，而集尘极上过多的粉尘则可能减缓荷电离子的驱进速度，甚至对于高比电阻的粉尘而言，还可能引发反电晕现象，进一步影响除尘效果。因此，当集尘极表面的粉尘沉积达到一定厚度后，我们需采取必要的清灰措施，如机械振打或水膜清洗等，以有效清除电极上的粉尘沉积，确保除尘器的持续高效运行。

2. 性能特点

（1）能耗低，压力损失小

电除尘器凭借其独特的库仑力捕集粉尘机制，使得风机仅需承担烟气的输送任务，从而大大降低了气流阻力，通常维持在 200～500 帕。此外，尽管除尘器运行时所需电压较高，但工作电流却保持在较低水平，因此整体电功率消耗极小，实现了高效能与低能耗的完美结合。

（2）除尘性能优越

电除尘器在除尘领域展现出了非凡的性能，它能够捕获几乎所有细微粉尘及雾状液滴，除尘效率卓越，轻松达到 99% 以上，甚至能有效分离粒径约为 1 微米的微小粒子。从经济效益出发，一般将除尘效率控制在 95%～99%。同时，电除尘器设计合理、制造安装精确且维护及时的情况下，能够长期保持高效稳定运行，大修周期长达十年。

（3）使用范围广

电除尘器以其广泛的应用范围著称，能够在从低温低压到高温高压的广泛温度压力范围内稳定工作，尤其擅长应对高达 500 摄氏度的高温环境。其处理烟气量巨大，轻松应对每小时数百万立方米的处理需求。更为难能可贵的是，当烟气中的各项指标在一定范围内波动时，电除尘器的除尘性能依然保持稳定，展现了其强大的适应性和可靠性。

（4）维护保养简单

在正确选择电除尘器种类规格、确保设备安装质量上乘，并严格执行操作规程的前提下，电除尘器的日常维护保养工作变得异常简便。现代先进的控制装置能够自动优化运行参数，实现电除尘器的自动化控制和远程操作，进一步简化了操作流程，提升了管理效率。

然而，与其他除尘设备相比，电除尘器也存在一些不足之处。其设备结构相对复杂，钢材消耗量大，占地面积广，初期投资成本较高。此外，电除尘器受粉尘比电阻等物理性质的制约，在处理高浓度含尘气体时效果可能受限。但值得注意的是，在处理每小时 60000 立方米以上的大流量烟气或长期运行的情况下，电除尘器的运行成本相比其他除尘设备更具优势。

（二）电除尘器的分类与结构

1. 分类

电除尘器的种类繁多，在工程实际中，根据不同的特点，按以下方式进行分类。

（1）按集尘极的结构形式分类

①管式电除尘器

管式电除尘器，顾名思义，其核心部件为集尘极，采用圆形金属圆管设计，直径范围通常在 150～300 毫米，管长为 2～5 米。电晕极（放电极）通过重锤悬挂于集尘极圆管的中心位置，圆管内壁则作为粉尘收集的表面。这种设计确保了电晕极与集尘极之间的间距均匀，从而在整个电场区域内实现了较为均匀的电场强度分布。在管式电除尘器中，含尘气体自下而上通过圆管，经过净化处理后，清洁气体从圆管顶部排出。由于单根圆管的通气量有限，因此实际应用中多采用多管并列布局，每根圆管中心均悬挂有电晕线，共同构成一个高效的除尘系统。值得注意的是，由于气体流动方向为自下而上，管式电除尘器更适用于立式安装。

②板式电除尘器

板式电除尘器则采用了另一种截然不同的结构设计。它在一系列平行的通道之间布置了电晕极，这些通道由两块平行的集尘极板构成，两板之间的距离一般设定在 200~400 毫米。通道的数量可根据实际需求灵活调整，从几个至上百个，而通道的总高度则可达到 2~12 米，甚至更高。板式电除尘器的几何尺寸高度可定制，其进口有效断面积范围广泛，为几平方米至上百平方米。在清灰方式上，虽然板式电除尘器支持湿式清灰，但实际应用中更多采用干式清灰方法。尽管其电场强度分布不如管式电除尘器均匀，但板式电除尘器在清灰便捷性、制作与安装简便性方面表现优异。

（2）按气体流流动方向分类

①立式电除尘器

立式电除尘器，顾名思义，其气体流动方向为垂直向上。在立式多管电除尘器中，含尘气体自下而上垂直流动，同时完成净化过程。管式电除尘器多采用立式布局，这种设计使得设备占地面积相对较小，但整体高度较高。净化后的气体可直接从上部排出，无须额外设置烟囱，简化了系统结构。然而，立式电除尘器也存在一些不足之处，如设备检修相对不便，且由于气体分布可能不均匀，被捕集的粉尘有时会发生二次飞扬现象，影响除尘效果。

②卧式电除尘器

与立式电除尘器不同，卧式电除尘器的气体流动方向为水平。在卧式布局中，含尘气流沿水平方向流动并完成净化过程。卧式电除尘器的设计灵活性较高，可根据生产实际需求调整电场的数量。此外，其设备高度较低，便于安装与维护，且适用于负压操作环境，有助于延长风机的使用寿命并改善劳动条件。然而，卧式电除尘器的占地面积相对较大，可能导致基建投资成本增加。

（3）按清灰方式分类

①湿式电除尘器

湿式电除尘器采用了一种独特的清灰机制，通过溢流或均匀喷雾等方式，确保集尘极表面始终覆盖一层薄薄的水膜。当粉尘颗粒附着于集尘极表面时，它们会随水流被顺利带走，从而实现高效清灰。这种设计不仅提升了除尘效率，还有效避免了二次扬尘问题，同时因为无须振打设备，运行更为稳定可靠。湿式电除尘器特别适用于气体净化作业或收集那些经济价值不高的粉尘。然而，需要注意的是，湿式除尘过程会增加烟气中的湿度，可能对管道和设备造成腐蚀，且清灰产生的泥水还需进行专门处理，因此需要配置相应的废水处理设施。

②干式电除尘器

干式电除尘器则专注于在干燥状态下捕集干燥粉尘。其操作温度通常高于被处理气体的露点 20~30 摄氏度，以确保粉尘保持干燥状态。在某些情况下，操作温度甚至可达 350~450 摄氏度或更高。干式电除尘器采用机械振打、电磁振打或压缩空气吹扫等方法来清除集尘极上的粉尘，这些粉尘往往具有一定的经济价值，因此便于回收利用。然而，干式清灰过程中可能会产生二次扬尘问题，需要采取相应措施加以控制。

（4）按电极在电除尘器内的配置位置分类

①单区电除尘器

单区电除尘器采用了一种紧凑的设计，其中电晕极（放电极）与集尘极均被巧妙地布置在同一个区域。这一设计使得含尘气体在进入除尘器后，能够立即在该区域内同时完成粉尘粒子的荷电与分离过程。由于整个除尘流程被高度集成于单一空间内，单区电除尘器在结构布局上显得尤为简洁。

②双区电除尘器

与单区设计不同，双区电除尘器将除尘流程划分为两个独立的区域：荷电区与收尘区。在荷电区内，主要安装电晕极系统以产生离子，这些离子随后与进入该区域的粉尘粒子发生碰撞，使粉尘粒子带上电荷。完成荷电过程后，带电的粉尘粒子随气流进入收尘区，在收尘区内安装的集尘极系统作用下被有效捕集。双区电除尘器的这种设计使得供电电压要求相对较低，且整体结构更为简单。在应用领域上，双区电除尘器最初多用于空调净化系统，但近年来也逐渐被引入工业废气净化领域，尽管其结构设计与空调净化应用相比有所调整与优化。

（5）电–袋复合式除尘器

电–袋复合式除尘器，作为一款融合了静电除尘与过滤除尘双重技术的创新产品，展现出了前所未有的高效节能与环保特性。其设计精髓在于巧妙地将两种除尘机制融为一体：前级电场区先行对含尘气体进行预处理，不仅实现了粉尘的预收尘，还促使粉尘颗粒荷电，为后续过滤提供了有利条件；后级则利用滤袋区的精细过滤能力，对残余粉尘进行深度捕集，从而最大化地发挥了静电除尘与袋式除尘各自的专长。

电–袋复合除尘器通过采用高频高压电源供电、整体化布局以及优化的电袋区过渡结构设计等特色技术，成功地将静电除尘器的高效低阻与袋式除尘器的深度净化优势完美结合，同时有效规避了两者的固有缺陷。这一创新设计不仅大幅提升了除尘效率，还显著降低了设备运行阻力，延长了滤袋的使用寿命，确保了除尘系统长期稳定运行。

此外，电–袋复合除尘器还展现出低运行维护成本、占地面积小等显著优势，进一步提升了其市场竞争力。其节能高效、高可靠性及环境友好的特点，使其在电力、钢铁、水泥等众多工业领域展现出广阔的应用前景，成为推动绿色生产与可持续发展的有力工具。

2. 结构

无论哪种类型的电除尘器，其结构通常都是由电晕极系统、集尘极系统、气流分布装置、外壳、排灰装置、供电装置等几部分组成。

（1）电晕极系统

电晕极系统是电除尘器的核心组成部分，它主要由电晕线、电晕极框架、框架吊杆、支撑绝缘套管以及电晕极振打装置等关键部件构成。其中，电晕线作为产生电晕放电的关键元件，其性能直接影响除尘器的整体效率与稳定性。理想的电晕线应具备以下特性：低起晕电压、高发电强度、大电晕电流、优异的机械强度与刚性、良好的耐腐蚀性能，能够维持精确的极间距，并便于清灰操作。

电晕线的种类繁多，形态各异，包括圆形电晕线、星形电晕线、螺旋形电晕线、芒刺形电晕线（如 RS 形芒刺线）、锯齿线、麻花线以及蒺藜丝线等。这些不同形状的电晕线各有千秋，适用于不同的工况条件。例如，圆形电晕线的放电强度与其直径成反比，直径越小，起晕电压越低，放电强度越高，但考虑机械强度与耐用性，通常选用直径为 2.5~3 毫米的耐热合金钢（如镍铬线、不锈钢丝）制成。

星形电晕线则以其独特的麻花状结构和高强度著称，其四边尖角设计有助于降低起晕电压，实现放电均匀且电晕电流较大。这种电晕线多采用框架式结构，特别适用于含尘浓度较低的场合。

而芒刺形电晕线，特别是以 RS 形芒刺线，则充分利用了尖端放电效应，其起晕电压显著低于其他形状的电晕线，放电强度更高。芒刺尖端产生的电子和离子流高度集中，增强了极线附近的电场效应，不仅有效防止了积尘现象，还显著提升了除尘效率，因此特别适用于处理高含尘浓度或高比电阻微粒物的场合。

综上所述，电晕线的选择应根据具体工况条件、除尘效率要求以及经济性等多方面因素综合考虑，以确保电除尘器达到最佳运行状态。

（2）集尘极系统

集尘极系统是电除尘器中的关键组成部分，它主要由集尘极板、上部悬挂装置以及下部振打杆等核心部件构成。这一系统的设计直接关系粉尘的二次飞扬程度、金属材料的消耗量以及整体造价。在设计和选择集尘极系统时，我们需要综合考虑以下几个关键因素。

粉尘二次飞扬：为了减少粉尘在振打过程中的二次飞扬，集尘极的设计应确保振打时粉尘能够得到有效控制，避免其重新进入空气中。这通常通过优化振打机制、调整振打频率和力度以及采用防风沟和挡板等结构来实现。

金属消耗量：在保证集尘效果的前提下，降低单位集尘面积所需的金属量有助于降低生产成本。这要求我们在材料选择、结构设计以及制造工艺上不断进行优化和创新。

造价与耐用性：除了金属消耗量外，集尘极系统的整体造价也是我们需要考虑的重要因素。同时，系统应具备良好的耐用性，以减少维护成本和更换频率。

易于清灰：为了方便清理附着在集尘极板上的粉尘，集尘极的设计应便于进行清灰操作。这通常包括合理的振打机制、易于拆卸和安装的部件等。

在电除尘器中，集尘极主要分为管状和板状两大类。管状集尘极具有结构简单、易于制造和维护等优点，但其集尘面积相对较小，适用于处理气量较小的场合。而板状集尘极则具有集尘面积大、除尘效率高等优点，适用于处理大量含尘气体的场合。

板状集尘极的形式多样，包括平板形、鱼鳞形、波浪形、Z 形和 C 形等。这些不同形式的集尘极各有特点，如鱼鳞形集尘极和波浪形集尘极能够增加粉尘与极板的接触面积，从而提高除尘效率；而 Z 形集尘极和 C 形集尘极则能够减少粉尘的二次飞扬。

在材料选择方面，优质碳素钢是常用的集尘极材料。然而，在处理腐蚀性气体时，应选用不锈钢等耐腐蚀材料以确保集尘极的长期使用性能。

此外，为了进一步提高除尘效率并减少粉尘的二次飞扬，我们还可以在集尘极板上制造出防风沟和挡板等结构。这些结构能够有效地控制流体流速并减少粉尘的飞扬。同时，合理的极板间距也是确保电除尘器电场性能和除尘效率的重要因素之一。

综上所述，集尘极系统的设计需要综合考虑多个因素，以确保其在实际应用中的高效性和经济性。通过不断优化设计和材料选择以及采用先进的制造工艺和技术手段，我们可以进一步提高电除尘器的除尘效率和整体性能。

（3）气流分布装置

气流分布的均匀性对于电除尘器的除尘效率具有至关重要的影响。为了确保气流能够均匀分布并减少涡流产生，合理设计气流分布装置显得尤为重要。这些装置不仅需要具备良好的气流分配能力，还要尽可能减少阻力损失。

为了实现这一目标，在除尘器的进出口处通常会设置渐扩管（进气箱）和渐缩管（出气箱）。进气口的渐扩管内会安装 2 ~ 3 层气流分布板，而出气口的渐缩管处则设置一层气流分布板。这些分布板之间的间距通常为板高的 0.15 ~ 0.2 倍，并且其间会配备锤击振打清灰装置，以便定期清理积尘，保持气流通道的畅通。

气流分布板的形式多样，包括多孔板式、格板式、垂直偏转板式、垂直折板式、槽钢式和百叶窗式等。其中，多孔板因其结构简单、易于制造而应用最为广泛。多孔板一般采用厚度为 3.0 ~ 3.5 毫米的钢板制成，圆孔直径范围在 30 ~ 50 毫米，开孔率则根据具体需求调整，一般在 25% ~ 50%，具体数值需通过实验确定以达到最佳效果。

在电除尘器正式投入运行之前，我们必须进行严格的气流分布测试与调整。这一步骤至关重要，因为它能确保气流在除尘器内的均匀分布。测试要求任何一点的流速都不应超过该断面平均流速的 ±40%，且在任何一个测定断面至少有 85% 的测点流速与平均流速的差异不超过 ±25%。这些严格的标准有助于保证电除尘器在实际运行中的高效性和稳定性。

（4）外壳

电除尘器的外壳，作为整个系统的骨架与保护屏障，其设计与构造至关重要。外壳主要由箱体、灰斗、进风口风箱以及支撑框架等关键部件组成，共同构建了一个既封闭又坚固的工作环境。

在设计外壳时，我们需充分考虑其应用环境。对于横截面较大的电除尘器（通常超过 10 平方米），我们更倾向于采用户外式设计，以适应更广阔的操作空间与自然环境。同时，外壳可根据实际需求配置为单室或双室结构，以优化除尘效率与运行管理。

为确保电除尘器的稳定运行，外壳必须具备足够的刚度、强度、稳定性和密封性。它不仅是隔绝外界环境、保障除尘过程独立进行的屏障，还需承受内部所有组件的重量及外部附加载荷。外壳的主要功能包括引导烟气顺畅通过电场区域、稳固支撑阴阳极系统以及振打装置，共同构建一个高效的除尘空间。

外壳的材料选择需紧密关联所处理烟气的特性与操作温度。常见的外壳材料包括砖结构、钢筋混凝土结构以及钢结构，每种材料都有其独特的优势与适用范围。例如，钢结构因其良好的加工性、轻质高强及耐腐蚀性，在电除尘器领域得到了广泛应用。

此外，外壳还配备了保温层，旨在防止含尘气体因温差变化而冷凝结露，进而避免粉尘在电极上积聚或腐蚀钢板。同时，外壳与排灰装置均需确保良好的密封性，防止漏风现象，确保除尘系统的稳定运行与高效性能。

综上所述，电除尘器的外壳不仅是除尘过程的物理载体，更是保障系统高效、稳定运行的基石。其设计、材料选择及密封性能均对除尘效果产生深远影响。

（5）排灰装置

电除尘器的每个区下面设置一个灰斗，灰斗内表面必须保持光滑，以免滞留粉尘。灰斗的壁与水平方向夹角大于60°。灰斗有四棱台和棱柱槽等形式。电除尘器灰斗下设置有排灰装置，并保证其工作可靠，密闭性能好，满足排灰要求。常用的排灰装置有螺旋输送机、管式泵、仓式泵、回转下料器和链式输送机等。

（6）供电装置

电除尘器的供电装置，作为其核心组件之一，其设计与选择对于电除尘器的整体性能具有决定性的影响。供电装置主要包括升压变压器、整流装置以及控制装置，它们共同协作，确保电除尘器能在高效、稳定的状态下运行。

升压变压器：鉴于电除尘器需要的高压工作环境，升压变压器的作用至关重要。它必须具备良好的绝缘性能，以承受高达60~70kV，甚至更高至80kV以上的工作电压。此外，为了应对除尘器内部可能出现的异常工作状态，如短路、过载等，升压变压器还需具备适当的过载能力，确保在这些情况下仍能稳定运行，保护除尘器不受损害。

整流装置：整流装置是供电装置中的另一个关键部件。它的主要功能是将升压变压器输出的高压交流电转换为直流电。这一转换过程对于电除尘器来说至关重要，因为直流电能够更稳定、更有效地在电晕极和集尘极之间形成高压电场，从而促进粉尘颗粒的荷电、迁移和沉积。因此，整流装置的性能直接影响电除尘器的除尘效率和稳定性。

控制装置：控制装置则负责对整个供电系统进行监控和调节。它能够实时监测供电电压、电流等参数，并根据需要调整升压变压器的输出电压和整流装置的工作状态。通过精确控制和调节，控制装置能够确保电除尘器始终在最优的工作状态下运行，从而提高除尘效率，降低能耗和维护成本。

综上所述，电除尘器的供电装置是一个复杂而精密的系统。为了确保电除尘器的性能稳定可靠，我们必须选择适当的供电系统组件，并对其进行合理的配置和调试。同时，在日常运行中，我们还需要定期对供电装置进行检查和维护，确保其始终处于良好的工作状态。

第三节　气态污染物吸收净化技术及设备

吸收净化技术，作为一种高效且设备相对简单的气体处理技术，其核心原理在于利用气态污染物中各组分在液体溶剂中溶解度的差异或化学反应活性的不同，促使一个或多个污染物组分被有效溶解于吸收剂中，从而达到净化的目的。这一技术不仅在减少和消除气态污染物向大气排放方面发挥着关键作用，还能将部分污染物转化为有价值的副产品，实现了环境效益与经济效益的双重提升。

气体吸收过程实质上是一个复杂的传质过程，它涉及气相中特定组分在气液相界面上的溶解，以及这些组分在气相和液相之间由于浓度差或化学反应的驱动而发生的质量传递。为了实现高效的气体吸收，通常需要借助特定的吸收设备，如填料塔、喷雾塔、板式塔和鼓泡塔等，这些设备的主要设计目标在于创造足够的相界面，以促进气相与液相之间的充分接触和混合。

在吸收过程中，根据溶质与吸收剂之间是否发生显著的化学反应，我们可以将吸收过程区分为物理吸收和化学吸收两类。物理吸收主要依赖溶质在吸收剂中的溶解度，过程中溶质与吸收剂之间不发生化学反应，如用水吸收二氧化碳。相比之下，化学吸收则涉及溶质与吸收剂之间的化学反应，这种反应显著增强了吸收效果，如用氢氧化钠溶液吸收二氧化碳。

一、气液相平衡

（一）物理吸收的气液相平衡

在物理吸收过程中，当气液两相开始接触时，吸收过程占据主导地位，吸收质逐渐溶解于液相中。随着溶液中吸收质浓度的增加，吸收速率会逐渐减缓，同时解吸速率则逐渐加快。当吸收过程的传质速率与解吸过程的传质速率相等时，系统达到一种动态平衡状态，即气液两相平衡。此时，气相中特定组分的分压被称为平衡分压，而液相中该组分在吸收剂（溶剂）中的浓度则称为平衡溶解度，简称"溶解度"。这一平衡浓度代表了吸收的极限，是判断吸收过程是否可能进行、吸收效率以及进行吸收过程计算的重要依据。

（二）化学吸收的气液相平衡

为了提升净化效率与速率，在实际气态污染物净化过程中，化学吸收法被广泛采用。此方法涉及气体溶解于液体中，并与液体中的某一组分发生化学反应。因此，被吸收的组分不仅受到气液相平衡关系的制约，还需遵循化学平衡关系。这种双重平衡机制使得化学吸收过程在理论上更为复杂，但在实践中却能有效提高净化效果，是处理高浓度或难溶性气态污染物的有效手段。

二、吸收速率

（一）吸收传质机理

吸收，作为气态污染物由气相向液相迁移的核心过程，其复杂性促使学者们提出了多种传质机理理论，其中"双膜理论"尤为显著，它普遍适用于物理与化学吸收现象。该理论核心观点：首先，气液两相接触时形成稳定的相界面，界面两侧分别存在气膜与液膜，作为吸收质分子扩散的通道；其次，在相界面上，气液两相达到局部平衡状态；最后，远离界面的两相主体区域内，由于流体高度湍流，吸收质浓度趋于一致，浓度梯度几乎为零，而浓度变化主要集中于气膜与液膜内部。这一简化假设将复杂的相际传质过程转化为简单的气液双膜分子扩散模型。整个吸收过程中，气相主体中的被吸收组分需穿越气膜边界，进入气膜，随后抵达相界面并溶解于液相，再经由液膜向液相主体扩散。此间，传质阻力完全聚焦于双膜层，其阻力大小直接决定了传质速率。在固定相界面及流速适中的两流体系统中，双膜理论能够较好地反映实际情况，为相际传质速率的定量分析及传质设备的设计提供了坚实的理论基础。

（二）吸收速率方程式

在吸收设备的设计与计算过程中，准确预测混合气体通过特定设备所能达到的吸收程度是至关重要的，而这一预测的核心在于理解并计算吸收速率。吸收速率，作为衡量单位时间内单位相际传质面积上吸收溶质量的关键指标，其大小直接决定了吸收过程的效率。

基于经典的"双膜理论"，吸收速率被描述为吸收系数与吸收推动力的乘积。这里的推动力实质上是指气相与液相之间溶质的浓度差，它是驱动溶质从气相转移到液相的动力源泉。相应地，吸收系数的倒数被称为吸收阻力，它反映了溶质在相际传质过程中受到的阻碍程度。

值得注意的是，吸收系数及其推动力的具体表达方式和取值范围可能因不同的系统条件而异，因此在实际应用中，我们可能会遇到多种形式的吸收速率方程式。这些方程式的差异主要源于对吸收系数和推动力的不同理解和建模方式。例如，某些方程式可能侧重于考虑温度、压力、溶质性质等因素对吸收系数的影响；而另一些方程式则可能更强调浓度差随时间和空间的变化规律。

因此，在进行吸收设备设计计算时，我们需要根据具体的生产任务、混合气体组成、吸收剂性质以及操作条件等因素，选择合适的吸收速率方程式进行计算。同时，我们还需要通过实验数据或经验公式来估算吸收系数等关键参数，以确保设计结果的准确性和可靠性。

1. 气膜吸收速率方程式

气膜吸收速率方程式为

$$N_A = k_G(p_G - p_i) \tag{6-24}$$

其中

$$k_G = \frac{Dp}{RTz_G p_{Bm}} \tag{6-25}$$

式中：N_A——单位时间内溶质 A 扩散通过单位面积的物质的量，即传质速率，kmol$（m^2 \cdot s）$；

p_G，p_i——溶质 A 在气相主体和相界面处的分压，kPa；

k_G——以 $(p_G - p_i)$ 为推动力的气相分吸收系数或气相传质系数，kmol/($m^2 \cdot s \cdot$ kPa）或 m/s；

D——溶质 A 在气相介质中的扩散系数，m^2/s；

p——混合气体总压，kPa；

z_G——气相有效滞留膜层厚度，m；

p_{Bm}——惰性组分 B 在气膜中的平均分压，kPa；

R——通用气体常数，8.314kJ/(kmol·K)；

T——绝对温度，K。

当气相的组成以摩尔分数表示时，相应的气膜吸收速率方程式为

$$N_A = k_y(y_G - y_i) \qquad (6-26)$$

其中

$$k_y = pk_G \qquad (6-27)$$

式中：y_G，y_i 分别为溶质 A 在气相主体和相界面处的摩尔分数；

k_y——以 $(y_G - y_i)$ 为推动力的气相分吸收系数或气相传质系数，kmol（$m^2 \cdot s$）。

2. 液膜吸收速率方程式

液膜吸收速率方程式为

$$N_A = k_L(c_i - c_L) \qquad (6-28)$$

其中

$$k_L = \frac{D_L}{z_L} \qquad (6-29)$$

式中：k_L——以 $(c_i - c_L)$ 为推动力的液相分吸收系数或液相传质系数，kmol/($m^2 \cdot s \cdot$ kPa）或 m/s；

c_L，c_i 分别为溶质 A 在液相主体和相界面处的浓度，$kmol/m^3$；

D_L——溶质 A 在液相介质中的扩散系数，m^2/s；

z_L——液膜的厚度，m。

液膜吸收系数的倒数 $1/k$，表示吸收质通过液膜的传递阻力，它的表达形式与液膜推动力 $(c_i - c_L)$ 相对应。

当液相的组成以摩尔分数表示时，相应的液膜吸收速率方程式为

$$N_A = k_x(x_i - x_L) \qquad (6-30)$$

其中

$$k_x = ck_L \qquad (6-31)$$

式中：c——溶液总浓度，$kmol/m^3$；

k_x——液膜吸收系数，kmol/($m^2 \cdot s$）。它的倒数 $1/k_x$ 是与液膜推动力 $(x_i - x_L)$ 相对应的液膜阻力。

3. 总吸收速率方程式

总吸收速率方程式为

$$N_A = K_G(p_G - p_e) = K_L(c_e - c_L) \tag{6-32}$$

$$N_A = K_Y(Y - Y_e) = K_X(X_e - X) \tag{6-33}$$

式中：K_G——以压力差为推动力的气相总吸收系数，$kmol/(m^2 \cdot s \cdot kPa)$，$\dfrac{1}{K_G} = \dfrac{1}{Hk_L} + \dfrac{1}{k_G}$；

K_Y——以浓度差为推动力的气相总吸收系数，$kmol/(m^2 \cdot s)$，$\dfrac{1}{K_Y} = \dfrac{1}{k_y} + \dfrac{m}{k_x}$；

K_L——以浓度差为推动力的液相总吸收系数，m/s，m/s，$\dfrac{1}{K_L} = \dfrac{1}{k_L} + \dfrac{H}{k_G}$；

K_X——以浓度差为推动力的液相总吸收系数，$kmol/(m^2 \cdot s)$，$\dfrac{1}{K_X} = \dfrac{1}{k_x} + \dfrac{1}{mk_y}$。

三、吸收净化技术与设备

吸收净化是利用溶液、溶剂来吸收有害气体中的有害物质，从而使废气得以净化的方法。不同的吸收剂可处理不同的有害气体。能够用吸收法净化的气态污染物主要有 SO_2、H_2S、CO、HF、NO_2、碳氢化合物等。

（一）吸收净化机械设备的类型与结构

1. 吸收净化设备的类型

在气态污染物净化领域，针对气体流量大但浓度相对较低的特点，我们通常会优先选择那些能够提供连续气相流动、高湍流度以及大相界面的吸收设备。这样的设计旨在最大化气液两相之间的接触机会，从而提高吸收效率。

工业中常用的气态污染物吸收设备结构多样，其中最为典型和广泛应用的包括填料吸收塔、板式吸收塔、喷雾塔，以及喷淋吸收塔和文丘里吸收器等。每种设备都有其独特的工作原理和适用场景。

填料吸收塔内部填充了大量薄壁环形填料，这些填料为溶剂提供了广阔的接触面积。当溶剂从塔顶淋下时，它会在填料表面均匀分布并沿填料下流，同时与自下而上的气流形成良好的接触。由于气液两相在塔内是连续而非逐次接触的，所以这种设备被归类为连续（微分接触）式设备。

相比之下，板式吸收塔则采用了不同的设计原理。塔内设置有多层塔板，每层塔板之间通过溢流管相连，使得吸收液能够从上层塔板流向下一层。塔板上设置有通气孔，气体通过这些孔道自下而上流动，并在塔板上分散成小气泡，从而显著增大了气液两相的接触面积。在塔板内，气体的湍流程度得到增强，气液两相在塔内逐级接触，导致两相组成沿塔高方向呈阶梯式变化。因此，板式吸收塔被归类为逐级接触（级式接触）设备。

总的来说，这两种类型的吸收设备各有优劣，选择哪种设备取决于具体的净化需求、操作条件以及经济成本等因素。在实际应用中，我们需要根据具体情况进行综合考虑和选择。

2. 吸收净化机械设备的结构

（1）填料吸收塔

填料吸收塔以精密设计的填料为核心构件，塔身为直立圆筒状，内部支撑板上堆叠着一定高度的填料层。气体自塔底送入，穿越填料间的空隙向上流动。同时，吸收剂从塔顶经喷淋装置均匀喷洒而下，沿填料表面缓缓流淌，形成连续的气液接触界面，实现净化过程。填料吸收塔结构紧凑，操作稳定，广泛适用于多种工况，且便于采用耐腐蚀材料制造，压力损失小，尤其适合小直径塔体。然而，对于大直径塔体，其效率、成本及维护方面可能存在不足。但随着新型高效填料的不断涌现，填料吸收塔的应用范围正逐步扩大。

（2）湍球吸收塔

湍球吸收塔作为填料塔的一种特殊形式，以其独特的轻质小球作为气液接触介质而著称。塔内设置高开孔率的筛板，小球置于其上。吸收液由上至下均匀喷洒于小球表面，而待处理气体则从塔底进入，穿越湿润的小球层。在足够的气流速度下，小球剧烈湍动，促进气、液、固三相的充分接触，提高吸收效率。净化后的气体经除雾器去除湿气后排出塔外。

（3）板式吸收塔

板式吸收塔由圆柱形壳体及多层水平塔板组成。吸收剂自塔顶流入，逐层向下流动，形成液层；气体则由塔底进入，经塔板开孔分散成气泡，与液层形成广泛接触，实现净化。塔板设计使得气体逐板上升，与板上液体反复接触，确保净化效果。

（4）喷淋（雾）吸收塔

喷淋（雾）吸收塔以其结构简单、压降低、不易堵塞等优点受到青睐。塔内液体以分散相形式存在，气体为连续相，适用于快速反应吸收过程。为确保净化效率，我们需保证气液分布均匀、充分接触。喷淋（雾）吸收塔可采用多层喷淋设计，增强传质效果。喷嘴作为关键部件，其性能直接影响喷淋效果。

（5）连续鼓泡层吸收塔

连续鼓泡层吸收塔利用气体穿过多孔花板形成鼓泡层，增大气液接触面积，适用于中速或慢速化学反应吸收。然而，其鼓泡过程中易发生纵向环流，影响吸收效率。通过塔内分段、设置内部构件或加入填料等措施，可有效减少返混现象。

（6）文丘里吸收塔

文丘里吸收塔与湿式除尘器中文丘里除尘器原理相似，依靠气流带动吸收液进入喉管进行吸收。其结构多样，可根据实际需求选择不同形式。对于气量较小的场合，我们可采用吸收液引射气体进入喉管的设计；而气量较大时，我们则需并联多台文丘里吸收器，以满足需求。

（二）吸收净化机械设备的设计

1. 填料塔的设计

填料塔作为一种高效的气液接触设备，其设计过程需经过一系列精心规划的步骤，以确保其在实际应用中的性能与经济效益。以下是填料塔设计的详细程序。

（1）收集资料

设计之初，首要任务是全面收集相关资料。这包括来自实际调查或设计任务书中明确的气、液物料系统特性，如成分、流量、浓度等，以及操作条件（如温度、压力等）。若现有文献资料无法直接提供所需的气液相平衡关系，我们则需通过实验测定或模拟计算来获取准确数据。

（2）确定流程

在掌握基础数据后，我们需根据具体工艺需求确定吸收流程。常见的流程包括单塔逆流流程、并流流程，以及涉及吸收剂再循环或多塔串联的复杂流程。吸收剂再循环的引入旨在提高喷淋密度、确保填料充分润湿并有效移除吸收过程中产生的热量，同时也可调节产品浓度。当设计计算结果显示所需填料层高度超出合理范围时，我们应考虑将填料塔拆分为多个串联的小塔，以降低建造与维护难度。此外，我们出于防堵塞或便于维修的考虑，即使填料层高度适中，也可能选择多塔串联布局。

（3）选择填料

填料作为填料塔的核心组件，其选择直接关系塔的经济性与运行效率。理想的填料应具备三大特点：一是拥有较大的比表面积和良好的润湿性能，以促进气液两相的充分接触；二是高空隙率以减少压降并提升传质效率；三是轻质、坚固、耐用、不易堵塞且对气液介质具有良好的化学稳定性。市场上存在多种类型的填料可供选择，因此我们需根据具体设计条件进行综合比较与评估。

在填料装填方式上，乱堆（散装）与整砌（规则排列）是两种常见的方法。乱堆（散装）填料适用于直径较小的填料，装卸便捷但压降较大；而整砌（规则排列）填料则适用于直径较大的情况，压降较小但装填过程较为复杂。设计时，我们应根据实际工况与需求灵活选择适宜的装填方式。

2. 填料塔附件的设计与选择

填料塔的附件包括填料紧固装置、填料支撑装置、液体分布装置、液体进出口装置、气体进出口装置、除雾装置等。

（1）填料紧固装置

确保填料塔维持正常且稳定的运行状态的关键在于保持填料床层的稳固性，避免其在高气速或负荷突变情况下发生松动。为此，在填料床层的顶部必须安装适当的固定装置，这些装置可以是填料压紧器或床层定位器，具体选择取决于填料的材质与类型。

对于陶瓷、石墨等脆性材料制成的填料，由于其易碎性，建议使用填料压紧器来确保其在塔内的稳定性。这类压紧器设计多样，包括与支承栅板结构相似的栅条压板、丝网压板以及专门的填料压紧装置。它们的主要作用是通过物理压迫，将填料层紧密固定在塔内，防止其在运行过程中松动或移位。

而对于金属、塑料以及规整填料等较为坚固且结构规则的填料,床层定位器则是更合适的选择。床层定位器通过其结构设计,能够有效锁定填料层的位置,防止其在塔内自由移动,从而保持塔的稳定运行。

在设计填料压紧器时,我们需特别考虑塔径大小对所需压强的影响。当塔径超过1200毫米时,简单的填料压紧网板结构可能无法满足所需的压强要求。随着塔径的增大,我们所需的压强逐渐接近上限值(通常为1400帕)。为了克服这一挑战,我们在设计时应采取相应措施,如在压紧器中加入钢圈、增加栅条高度,甚至加入金属块以增强压紧效果。金属块的安装方向应与栅条方向保持一致,以确保压强均匀分布,避免局部压强过大导致填料损坏。

综上所述,通过合理选择填料固定装置并精心设计其结构,我们可以确保填料塔在各种工况下都能保持稳定的运行状态,提高吸收效率并延长设备使用寿命。

(2)填料支承装置

填料支承装置的作用是支承填料及填料上的持液量,因此填料支承装置应有足够的强度。由于填料不同,使用的支撑装置也不同,常用的填料支撑装置有栅板型、孔管型和驼峰型等三种。对于散装填料,最简单的支撑装置是栅板型支撑装置;孔管型支撑装置适用于散装填料和用法兰连接的小塔;驼峰型支撑装置适于直径1.5米以上大塔。

(3)液体分布装置

液体分布装置,作为填料塔的关键组成部分,对塔内液体的均匀分布起着至关重要的作用。其设计合理与否,直接影响填料塔的有效润湿面积、传质效率以及整体操作稳定性。若液体分布不均,将导致填料层有效接触面积减小,甚至引发偏流和沟流现象,严重降低传质效果。

液体分布装置依据其结构设计,大致可分为槽式、管式、喷洒式和盘式孔流型四大类。每种类型都有其独特的优缺点和适用场景。

槽式液体分布装置中,二级槽式尤为常见。它由主槽(一级槽)和分槽(二级槽)构成,主槽位于分槽之上,液体通过进料管进入主槽后,按比例分配到各个分槽中,确保液体的均匀分布。这种设计在大型填料塔中尤为适用,能够有效避免因液体分布不均而导致的操作问题。

管式液体分布装置,如排管式,则通过进液口、液位管、液体分布管和布液管等组件协同工作,实现液体的均匀喷洒。其结构相对复杂,但能够精确控制液体的分布,提高传质效率。

喷洒式液体分布装置因其结构简单而广泛应用于直径小于600毫米的小型塔中。然而,其小孔易于堵塞,不适合处理含有杂质或悬浮物的液体。此外,喷洒式液体分布装置对液体压头的稳定性要求较高,否则会影响喷淋半径和液体分布的均匀性。在气量较大的情况下,还可能产生大量液沫,增加后续处理的难度。

盘式孔流型液体分布装置则通过盘底开设的布液孔和升气管来实现气液分离与液

体均匀分布。气体从升气管中上升，而液体则通过小孔流下，形成稳定的气液界面。这种设计能够有效避免沟流和偏流现象，提高传质效率。

（4）液体进出口装置

在填料塔中，液体进口管的设计需紧密配合液体分布装置，确保液体能够均匀、顺畅地进入塔内。对于液体出口装置而言，其设计需兼顾两个核心功能：一是便于塔内液体的有效排出；二是有效隔离塔内外部环境，防止气体泄漏。液封装置是常用的液体出口解决方案，尤其适用于负压操作的塔。在塔内外压差较大的情况下，我们可采用倒 U 形管密封装置，其通过塔下部的缓冲液面来维持液面稳定，确保密封效果。

（5）气体进出口装置

为充分发挥填料塔的性能，气体进出口装置的设计至关重要。气体进出口装置需防止塔内下流液体进入管道，同时确保气体在塔截面上的均匀分布，避免固体颗粒沉积。塔径较小（小于 2.5 米）的填料塔，可采用简化的进气与分布装置，如气流直接进塔装置或带缓冲挡板的简单进料装置。缓冲挡板的设计有助于引导气体从侧面环流上升，从而实现气体在填料层中的均匀分布。

（6）除雾装置

气体出口装置在确保气体畅通的同时，还需防止液滴的夹带与积聚。当气体中液滴含量较高时，我们需配备除雾装置以有效分离雾滴。常见的除雾装置包括折流板除雾器、丝网除雾器、填料除雾器和旋流除雾器等。折流板除雾器以其结构简单著称，而丝网除雾器则凭借其高比表面积、大空隙率、高效除雾效率（可达 90%～99%）及低压力降等优点，在填料塔除雾领域得到广泛应用。然而，我们需注意的是，丝网除雾器不适用于处理含有固体颗粒的液滴，以免堵塞丝网，影响除雾效果。

3. 板式吸收塔板数的计算

（1）板式吸收塔理论板数的计算

在塔的操作分析中，我们遵循一套严谨的计算流程来确定塔的理论板数。这一流程起始于塔的某一端，并遵循两大基本原则：一是离开同一个理论板的气相与液相组成（以摩尔比表示）必须处于平衡状态；二是相邻两块理论板之间的气相与液相组成变化需满足操作线方程。

基于上述原则，我们进行逐板计算。从起始端开始，依次计算每一块理论板上气、液相的组成变化，直至达到塔的另一端，此时两相的组成应与该端的预定组成相匹配（同样以摩尔比表示）。

在整个计算过程中，平衡线的使用次数直接反映了所需的理论板数。每当我们利用平衡关系来确定一块理论板上气、液相的新组成时，就相当于"消耗"了一次平衡线的使用机会。因此，通过统计整个计算流程中平衡线的使用次数，我们可以准确地得出塔的理论板数，这是评估塔分离效率与性能的关键指标之一。如从塔底端点开始进行逐板计算，其步骤如下：

①由已知的气体初始组成（摩尔比）Y_0 和吸收分离要求 E_A，求出塔顶尾气组成（摩尔比）Y_{out}，$Y_{out} = (1 - E_A)Y_0$。

②由给定的操作条件确定高浓端（X_{out}，Y_0）和低浓端（X_0，Y_{out}），得出操作线方程。

③从塔底（也可以由塔顶）开始，作逐板计算。用平衡关系，由 X_1 求出 Y_1，用操作线方程，由 Y_1 求出 X_2；再用平衡关系，由 X_2 求出 Y_2，如此反复逐板计算，直至求出的 Y_{out} 等于（或刚小于）Y_{out} 为止。运算过程中，使用吸收相平衡关系的次数 N，即为吸收所需的理论板数。

（2）板式吸收塔实际所需塔板数的计算

实际塔内，各板上气、液间并未达平衡，因而实际所需塔板数大于理论塔板数，实际所需的塔板数 N_p 可用下式计算：

$$N_p = N/\eta \qquad\qquad (6-34)$$

式中：η——塔效率。

（三）吸收工艺

1. 选择吸收剂的原则

在气态污染物净化过程中，吸收剂的选择至关重要，它直接影响吸收操作的效率和成本。一个理想的吸收剂应当具备一系列优良性能，以确保净化过程的顺利进行。以下是选择吸收剂时应遵循的几大原则。

①选择性：吸收剂应对混合气体中被吸收组分展现出高度的选择性，即能够优先且有效地吸收目标组分，而对其他非目标组分的吸收能力应尽可能低，以减少不必要的干扰和能耗。

②溶解能力：为了降低吸收剂的消耗量和减小吸收设备的尺寸，我们所选吸收剂应对被吸收组分具有强大的溶解能力。这意味着在相同条件下，其能够溶解更多的目标组分，从而提高净化效率。

③低挥发度：吸收剂的挥发度应尽可能低，以减少在吸收过程中的挥发损失。这不仅有助于保持吸收剂的浓度稳定，还能避免挥发物对环境的二次污染。

④回收利用与处理便利性：我们所选吸收剂应便于被吸收组分的回收利用或后续处理，以实现资源的节约和循环利用，同时减少废弃物产生，避免二次污染。

⑤化学稳定性与安全性：吸收剂应具备良好的化学稳定性，不易与其他物质发生反应，且腐蚀性小。同时，无毒、不易燃也是选择吸收剂时需要考虑的重要因素，以确保操作过程的安全可靠。

⑥物理性质适宜性：理想的吸收剂应具有较高的沸点、热稳定性和较低的黏性，以减少起泡现象并改善吸收塔内气流的流动状况。这些特性有助于提高吸收率、降低泵的功耗并减少传热阻力。

⑦经济性与可获得性：吸收剂的成本也是选择过程中不可忽视的因素。我们应选择价廉易得、能就地取材的吸收剂，以降低净化成本。同时，吸收剂应易于再生和综合利用，以提高其经济效益和环境效益。

需要明确的是，完全满足上述要求的吸收剂在实际应用中可能难以找到。因此，在选择吸收剂时，我们应根据具体处理对象和净化目标进行权衡和综合评估，找到最适合当前情况的吸收剂方案。

2. 吸收剂的种类

吸收剂有水、增溶剂、酸性吸收液、碱性吸收液、有机吸收液、固体吸收剂等。

（1）水

水因其价廉易得且工艺简单，成为众多吸收过程中的首选吸收剂，特别是在物理吸收领域。水能够高效地去除煤气中的 CO_2、废气中的 SO_2、含氟废气中的 HF 和 SiF_4，以及废气中的 NH_3 和 HCl 等。这些气体在水中的溶解度随气相分压的增大而增加，随温度的降低而增大。因此，在实际操作中，我们常采用加压和低温条件进行吸收，降压和升温条件进行解吸，以优化吸收效果。尽管水作为吸收剂具有成本低廉、操作简便等优势，但其设备规模可能较大，净化效率有限，且动力消耗相对较高。

（2）增溶剂

在某些情况下，为了提高特定物质的溶解度，我们可采用增溶剂来增强吸收效果。例如，利用稀硝酸作为增溶剂吸收氮氧化物，因其能显著提高氮氧化物的溶解度。对于难溶于水的有机物，我们可通过添加既能亲水又能亲吸收质的增溶剂，使其在水中乳化，便于后续分离回收。

（3）酸性吸收液

针对碱性气体（如 NH_3 的吸收），酸性吸收液是理想的选择。硫酸、硝酸等酸性溶液能够与碱性气体发生反应，从而实现高效吸收。

（4）碱性吸收液

碱性吸收液则适用于吸收能与碱性物质反应的气体，如 SO_2、HCl、H_2S、Cl_2 等。这类吸收剂可以是碱溶液［如 NaOH、氨水、$Ca(OH)_2$］或碱性盐溶液（如 Na_2CO_3、$CaCO_3$），它们能够与酸性气体反应生成相应的盐类，从而实现气体的净化。

（5）有机吸收液

对于有机废气，我们常采用有机吸收剂进行处理。例如，汽油可用于吸收烃类气体、苯和沥青烟等。此外，聚乙醇醚、冷甲醇、二乙醇胺等有机溶剂也被广泛应用于有机废气的吸收处理中，它们还能部分去除 H_2S 等气体。

（6）固体吸收剂

虽然使用较少，但粉状或粒状固体吸收剂在某些特定场景下仍具有应用价值。这些固体吸收剂可能通过物理吸附或化学反应来去除目标气体。

综上所述，在选择吸收剂时，物理吸收过程应遵循"相似相溶"原则以提高溶解度；而化学吸收过程则需选择能与待吸收气体迅速反应的物质作为吸收剂。

3. 吸收工艺的配置

在配置与选择吸收工艺时，我们需综合考虑多重因素，包括但不限于吸收剂的选择、其性质与特点、吸收设备的适用性及其特性、吸收剂的再生能力、废气的具体组成与性质、被吸收组分的浓度、能量消耗的经济性，以及影响吸收效果的各类因素（如温度、压力等）。同时，操作控制的便捷性与系统的整体经济性也是不可忽视的考量点。

针对气态污染物的净化，净化工艺可划分为两大核心部分：一是吸收净化工艺，它涵盖了预处理（如冷却、除尘等）与吸收处理（包括吸收设备的维护、操作以及净化后废气的后续处理）两大环节；二是吸收富液的处理与处置工艺，旨在对吸收过程中产生的富液进行合理管理与安全处置。

在具体实施中，需注意以下几点。

（1）烟气的预冷却：高温烟气需预先冷却至适宜温度（约 60 摄氏度），以避免对后续吸收过程造成不利影响。冷却方法多样，包括直接增湿冷却（需注意防止设备腐蚀与管道堵塞）、间接冷却（利用低温热交换器，但需考虑设备成本与余热回收效率）以及预洗涤塔冷却（兼具降温与除尘功能，应用广泛）。

（2）烟气的除尘：在吸收处理前，应确保废气中的烟尘得到有效去除，以免对吸收过程造成干扰。高效除尘设备（如预洗涤塔等）是此环节的关键。

（3）设备和管道的结垢与堵塞：结垢与堵塞是影响吸收装置稳定运行的重要因素。深入分析结垢机理可从工艺设计、设备结构优化、操作控制等多方面入手，采取针对性措施加以预防，如控制溶液蒸发量、pH、溶质饱和度以及进入系统的尘量等。

（4）除雾：湿式洗涤系统易产生含污染物的雾滴，我们需采取措施进行除雾处理，以减少对环境的影响。

（5）气体的再加热：湿法处理后的烟气温度较低，不利于污染物的扩散。因此，在条件允许的情况下，我们应对尾气进行再加热，提高其排放温度，以增强热力抬升作用，减少环境污染。

（6）塔内降温：为解决吸收过程中产生的热量问题，我们可在吸收塔内设置冷却管以降低吸收温度，确保吸收过程的稳定与高效。

4. 富液的处理

吸收操作的核心目标不仅在于净化废气，更在于对吸收过程中产生的废液进行合理处理。直接将吸收废液排放至环境中，不仅是对资源的极大浪费，更可能因废液中的污染物进入水体而造成二次污染，这与环境保护的初衷背道而驰。因此，在设计和实施以吸收法净化气态污染物的工艺流程时，我们必须同步规划气态污染物的吸收过程与富液（吸收后含有污染物的液体）的处理策略。

　　以碳酸钠溶液吸收废气中的 SO_2 为例，这一过程不仅要去除废气中的 SO_2 以达到净化空气的目的，还需考虑如何处理吸收后富含 SO_2 的碳酸钠溶液。一种有效的方法是通过加热或减压再生的手段，将 SO_2 从溶液中脱除，从而使吸收剂恢复其吸收能力，实现循环利用。同时，收集并处理这些脱除的 SO_2 气体，不仅消除了其对环境的污染，还实现了废物的资源化利用。具体而言，脱除的 SO_2 可用于制备硫酸等工业原料，既解决了污染问题，又创造了经济价值。

　　综上所述，吸收法净化气态污染物的流程设计应全面考虑吸收与再生两个环节，确保在实现废气净化的同时，有效管理和利用吸收过程中产生的富液，实现环境保护与资源循环利用的双重目标。

第七章

土壤污染修复技术

第一节 土壤污染生态学

一、土壤与土壤污染

土壤生态学是专注于土壤及其内部生物多样性及其与环境相互作用的学科，在当前全球环境挑战日益严峻的背景下显得尤为重要。随着经济的快速增长，环境问题，尤其是环境污染，已成为制约可持续发展的重大障碍。其中，土壤污染作为环境污染的关键组成部分，不仅破坏了自然生态的平衡，也对人类健康构成了潜在威胁。传统的"先污染后治理"的发展模式已难以适应当前环境保护的需求，迫切呼唤新的理念与技术的引入。

在此背景下，土壤污染生态学应运而生，它聚焦于探索如何利用土壤中的生物群落来修复受污染的土壤，这是一种更为生态友好且可持续的解决方案。与传统的物理、化学修复方法相比，生物修复技术不仅能够有效去除土壤中的污染物，如重金属、有机污染物等，还能最大限度地降低对土壤结构的破坏和二次污染的风险，有助于恢复土壤的自然生态功能。

土壤污染的形成，往往源于人类活动如农业、工业、城市化进程中的不当操作，或是自然因素（如火山爆发、洪水等自然灾害）的影响，这些因素导致土壤成分发生不利变化，超出其自然净化能力，进而影响土壤生态系统的健康与稳定，对生物多样性和人类生存环境构成威胁。因此，发展土壤污染生态学，推动生物修复技术的应用，不仅是应对当前土壤污染问题的迫切需求，也是实现生态文明建设、保障人类与自然和谐共生的长远之计。

（一）土壤环境的基本特征

土壤，这一生态系统的基石，依据其物理状态可细分为固相、液相与气相三大组成部分，它们共同构成了土壤这一复杂而微妙的生态系统。

固相作为土壤的主体，占据了约一半的土壤体积，主要由矿物质和有机质构成。矿物质中，原生矿物质与次生矿物质各占一席之地，前者源自自然矿化沉积，如石英、钠长石、白云母等，后者则是原生矿物在风化等作用下转化而来的，如高岭石、蒙脱

138

石等。此外，土壤中还蕴含着2%～5%的有机质，这些有机质种类繁多，包括但不限于碳水化合物、木质素、蛋白质及脂肪等，为土壤提供了丰富的营养基础。固相中还散布着各种生物体，包括动植物遗骸及活体，它们共同构成了土壤生物多样性的重要组成部分。

液相，即土壤中的水分及其溶解物质，如金属盐类和可溶性有机物，占据了土壤体积的较大部分。这些水分不仅为植物根系提供了必要的水分环境，还促进了土壤养分的溶解与运输，是土壤生态系统物质循环不可或缺的一环。

气相，即土壤中的空气，虽无形却至关重要。它保障了土壤内部的气体交换，为土壤生物提供了必要的氧气，同时也是土壤呼吸作用不可或缺的参与者。

土壤环境的多功能性，使得它在维持生态系统平衡、促进物质循环、支持生物生长繁殖等方面发挥着不可替代的作用。作为动植物生存的基石，土壤不仅为它们提供了必要的生存环境，还通过其自净能力抵御外界污染，成为自然界的天然净化器。此外，土壤还是人类社会发展的重要资源，广泛应用于建筑、医药、艺术等多个领域，承载着人类文明的记忆与发展。

综上所述，土壤不仅是物质循环与生物多样性的载体，更是人类生存与发展的重要基石。保护土壤环境，就是保护我们共同的家园。

（二）土壤污染的基本特点

与大气环境和水环境相比，土壤环境展现出了更为复杂的特性，它集化学、物理、生物过程于一体，形成了一个高度动态的生态系统。污染物在土壤中的行为远不止于空间位置的迁移转化或价态、浓度的变化，还涉及污染物之间的氧化还原反应、吸附解吸过程、固定与扩散现象，以及被土壤生物代谢转化为其他物质等复杂机制。

土壤污染的基本特点可概括为多介质、多组分、多界面共存，非均一性强，且变化多端，这些特点使得土壤污染相较于大气污染和水污染更为复杂和难以应对。土壤污染之所以具有更为严重的影响，主要归因于以下几点。

滞后性与隐蔽性：土壤污染不易被直观察觉，不像大气污染和水污染那样能通过颜色、气味等感官特征迅速识别。土壤污染的发现往往需要依靠专业的实验室分析，针对特定污染源检测多种污染物成分，因此其显现具有显著的滞后性，许多污染问题容易被忽视。

复杂性：土壤污染物的来源广泛，包括农业、工业、医药等多个领域，这些污染源之间的相互作用导致污染物成分复杂多变，可能产生新的、更具毒性的化合物。同时，污染物与土壤成分之间的相互作用也增大了土壤污染处理的难度。

累积作用：土壤中的污染物迁移转化能力相对较弱，难以通过自然过程有效稀释和扩散，因此容易在土壤中积累，浓度逐渐升高，对土壤生态系统和人类健康构成长期威胁。

治理的长期性与不可逆性：许多重金属污染在土壤中的降解过程极为缓慢，甚至可能无法通过土壤自净能力自然消除。因此，土壤污染的治理往往需要采取换土、淋洗等成本高昂、处理周期长的措施，且部分污染可能无法完全逆转，会对生态环境造成持久影响。

综上所述，土壤污染的治理是一项艰巨而长期的任务，需要综合运用多种技术手段和策略，同时加强源头防控，减少污染物进入土壤的机会，以保护土壤生态系统的健康和可持续发展。

二、土壤污染的生态危害

土壤一旦遭受污染，其影响远远超出了土壤环境本身，而是会以多种方式波及大气系统和水体系统，共同对生态系统的稳定性构成威胁。土壤中的污染物积累，特别是农药、化肥残留以及重金属等有害物质，不仅直接破坏土壤生态结构，还会通过一系列间接途径对更广泛的生态系统产生深远影响。

具体而言，污染的土壤在灌溉过程中，其中的有害物质可能随水流进入水体，从而引发水体污染。这种污染不仅导致饮用水源受到威胁，还可能通过食物链传递，造成食品污染，最终对人类健康构成严重危害。水体污染进一步加剧了生态系统的脆弱性，它削弱了水体的自净能力，破坏了水生生物的生存环境，导致水质恶化，进而引发一系列连锁反应，如鱼类死亡、藻类暴发等，最终对整个水生生态系统造成不可逆转的损害。

此外，土壤中的污染物还可能通过扬尘等方式进入大气，虽然相比水体污染，这一过程可能较为缓慢且不易察觉，但长期积累下来同样会对大气质量产生负面影响，影响气候模式和人类居住环境。

（一）毒害植物并造成农作物安全危机

土壤中的金属元素，作为植物生长不可或缺的营养素，其浓度需维持在适宜的范围内，以平衡植物生长的需求与潜在风险。其浓度过低则难以满足植物正常生长的需要，浓度过高则可能抑制植物生长，甚至对植物造成毒害。

在陆地生态系统中，植物的根系扮演着重要角色，它们不仅吸收土壤中的水分和养分，还会无差别地摄取土壤中的有机和无机污染物质，如DDT、阿特拉津、氯苯类、多氯联苯、氨基甲酸酯、多环芳烃等有机污染物以及多种重金属。由于植物根系在吸收过程中缺乏筛选机制，许多可溶性污染物质得以进入植物体内累积。

这一现象虽看似不利，但也为我们提供了土壤污染修复的新思路。通过深入研究植物对污染物质的吸收、转运、累积及转化机制，我们可以利用特定植物或植物组合来修复受污染的土壤。例如，某些植物具有高效吸收和累积特定污染物的能力，可用于去除土壤中的重金属或有机污染物；而其他植物则可能通过根系分泌物促进污染物的降解或稳定化。

土壤污染的危害主要体现在两个方面：一是影响农作物的产量和质量。即使污染物浓度未超过卫生标准，低浓度的长期累积仍可能对农作物生长产生负面影响，导致产量下降或品质降低。二是污染物在植物体内的累积可能引发食品安全问题。即使农作物外观和产量看似正常，其内部可能已富集了有毒有害物质，对人体健康构成潜在威胁。此外，污染物还可能干扰植物体内微量元素的平衡，影响植物的正常生理功能。在食品加工过程中，若处理不当也可能进一步加剧食品污染，并导致营养成分的流失。

因此，针对土壤污染问题，我们应采取综合措施进行防控与治理，包括加强污染源监管、推广科学施肥用药、发展生态农业等，以减少污染物进入土壤的机会；同时，我们应积极探索和利用植物修复等生态友好型技术，促进土壤污染的有效治理与生态恢复。

（二）毒害动物并造成生态安全危机

土壤污染对动物，乃至整个人类食物链的毒害作用是一个复杂而深远的过程。当土壤中的污染物质，尤其是重金属和其他有毒化学物质，被植物或农作物吸收并累积后，这些污染物便随着食物链的传递进入动物体内。动物食用受污染的植物或农作物，使得污染物在其体内进一步积累，最终可能通过人类食用这些动物而进入人体，对人类健康构成威胁。

此外，污染物质还通过生物体的代谢活动在环境中循环，一部分随排泄物回归土壤，对土壤中的微生物群落产生影响。土壤微生物，如细菌和真菌，作为生态系统的重要组成部分，对维持土壤健康和促进物质循环起着关键作用。然而，土壤污染，特别是重金属污染，会显著改变微生物群落结构，导致群落多样性降低，结构趋于简单。这是因为重金属等污染物对微生物具有毒性作用，能够杀死或抑制不耐受的微生物种类，使得土壤中的微生物种类大幅减少。

在污染土壤环境中，存在两种主要现象：一是敏感微生物的消失，由于无法耐受高浓度污染物，这些微生物逐渐死亡或被淘汰，导致土壤生态系统中微生物种类和数量的显著减少；二是耐受微生物的存活与适应，部分微生物对污染物浓度不敏感或能逐渐发展出耐受机制，从而在污染环境中生存下来。这种耐受微生物的存在，虽然在一定程度上维持了土壤微生物群落的生存，但也可能带来新的问题，如污染物的生物转化和潜在的环境风险。

因此，土壤污染不仅直接影响植物生长和农产品质量，还通过食物链间接危害动物和人类健康，同时破坏土壤微生物群落结构，影响土壤生态系统的稳定性和功能。为了减轻土壤污染的危害，我们需要采取综合措施，包括源头控制、污染土壤修复、生态恢复等，以恢复土壤健康，保护生态系统和人类健康。

（三）破坏土壤生态平衡

土壤中微生物的种类繁多，主要包括细菌、放线菌、真菌、藻类和原生动物等五大类。其中，细菌种类尤为丰富，如硫化细菌、硝化细菌、脱氮菌和固氮菌，它们以分解者的角色在矿物质循环中发挥着重要作用，每克土壤中细菌数量可高达1500万个。放线菌则以丝状原核菌为主，数量也相当可观，每克土壤中约有70万个。真菌方面，主要由酵母菌和丝状菌组成，虽然数量上略少于细菌，但每克土壤中仍可达数十万个，同样以分解者的身份参与土壤生态循环。此外，藻类中的绿藻、蓝绿藻等作为生产者，为土壤生态系统提供初级生产力。而原生动物如纤毛虫和鞭毛虫，则作为消费者，在食物链中扮演着重要角色。

土壤微生物不仅是维持土壤生物活性的关键要素，还承担着调节土壤物质循环、促进土壤结构形成、分解有机物质及有害化合物等多重任务。它们对土壤质量的微小变化都极为敏感，因此，微生物的活性和群落结构常被用作评估土壤质量和健康状况的重要指标。

然而，土壤污染却对这一脆弱的生态系统构成了严重威胁。污染物质进入土壤后，不仅直接影响土壤中微生物的种类、数量和活性，还可能通过食物链逐级累积，最终对人类健康造成危害。这种累积效应使得即使污染物质浓度较低，也可能在生物体内达到有害水平，从而引发各种疾病。因此，了解和监测土壤微生物群落的变化，对于评估土壤污染状况、保护土壤生态系统健康具有重要意义。同时，采取有效措施减少土壤污染，维护土壤生态平衡，也是保障人类健康和环境可持续发展的重要途径。

第二节　重金属污染土壤修复理论与技术

一、环境中的重金属

关于重金属，尽管目前尚缺乏一个绝对严格的定义，但通常我们将其理解为相对密度大于5.0的金属，或特指元素周期表中原子序数大于23的约45种具有金属特性的元素。在这些元素中，有一部分被归类为有毒重金属，因为它们对人体而言是非必需的，且其存在即便微量，也可能对正常的生理代谢造成灾难性的影响。这类有毒重金属包括但不限于汞、镉、铅、铬等，它们因其显著的生物毒性而备受关注。

有毒重金属主要源自矿物的冶炼过程，并在这一过程中被释放到环境中。此外，工业生产中的涂料、造纸、印染等行业，以及农业生产中化肥和农药的使用，也都是重金属污染的重要来源。相比之下，自然环境中重金属的含量通常较低，主要源于母岩及残落生物质，且不会对生态系统构成显著威胁。

重金属对人体的毒害程度受多种因素影响，包括重金属的种类、进入人体的途径、受害者的生理状况，以及重金属在环境中的化学形态。特别地，重金属的生物毒性在很大程度上取决于其形态分布，不同形态的重金属可能产生截然不同的生物效应和环境影响，进而影响它们在自然界中的循环和迁移路径。

因此，深入研究重金属的转化机制及其形态变化，对于制定有效的重金属污染治理和防控策略具有至关重要的指导意义。通过理解重金属在环境中的行为和归趋，我们可以更加科学地评估其潜在风险，并开发出更加精准和高效的治理技术，以保护人类健康和生态环境的可持续发展。

二、重金属污染土壤修复技术的分类

重金属污染土壤的修复是一项综合性任务，旨在通过综合运用多种技术手段，有效清除或固定土壤中的重金属，从而减弱其迁移能力。这一过程的核心目标在于恢复土壤生态系统的正常功能，减弱重金属向食物链和地下水的迁移能力，进而降低对人类健康及自然环境的潜在风险。鉴于重金属污染土壤种类的多样性和复杂性，单一的修复技术往往难以全面应对，因此，采取多种技术的组合策略显得尤为重要。这种组合方式能够充分利用不同技术的优势，在时间和空间上形成互补效应，实现对重金属污染土壤的最优治理。通过综合施策，我们不仅能够提升修复效率，还能确保修复效果的持久性和稳定性，为土壤资源的可持续利用提供坚实保障。

在实际修复过程中，最终方案的选择是由以下因素决定：①污染物性质、污染程度、土壤条件等；②修复后土地的利用类别和方案；③技术上和经济上的可行性；④环境、法律、地理和社会因素也会进一步决定修复技术的选择。

（一）按学科分类

重金属污染土壤的修复技术，依据学科分类，可主要划分为物理/化学修复、农业生态修复及生物修复三大类。物理修复技术，依托机械、物理与工程手段，具体实践包括翻土法、电动修复及热处理等。然而，这些方法在实际应用中面临诸多限制，如操作成本高昂、可能破坏土壤结构、肥力受损，以及可控性差等问题，因此它们更适用于应对急性污染事件。

相比之下，化学修复技术以其高效性和灵活性在重金属污染土壤治理中展现出广阔前景。化学稳定固化通过添加固化剂或钝化剂，改变土壤与重金属的理化性质，利用吸附、沉淀机制降低重金属的迁移性与生物有效性。而化学淋洗则借助溶剂将重金属从固相转移到液相，实现重金属的分离与提取。

农业生态修复技术则强调生态平衡与可持续性，通过调整耕作管理、合理施肥用药、选择非食用植物等措施，有效减轻重金属对生态系统的危害。这一方法注重土壤资源的保护与合理利用，是绿色农业发展的重要组成部分。

生物修复技术作为当前研究的热点，凭借其环境友好、成本低廉、操作简便等优势，正逐渐成为重金属污染土壤治理的首选方案。该技术利用微生物、植物乃至动物的代谢活动，实现重金属的去除、形态转化及活性降低。其中，植物修复技术尤为引人注目，它能在保持土壤生态环境完整性的同时，实现原位修复，具有广阔的发展潜力与应用前景。

（二）按场地分类

土壤重金属污染的修复策略，依据处理土壤位置是否变动，可明确划分为原位修复与异位修复两大类。原位修复，顾名思义，即在不移动受污染土壤的情况下，直接在原地实施修复措施，以恢复土壤健康状态。而异位修复，则涉及土壤位置的变动，具体又可分为场外修复与异地修复两种方式。

在异位修复过程中，受污染的土壤首先被挖掘或转移至特定区域进行处理。场外修复指的是在污染现场附近或同一场地内设立专门的修复区域，对挖掘出的土壤进行集中处理，以降低对周边环境的潜在影响。而异地修复，则是将受污染的土壤运输至远离原污染场地的其他区域进行处理，这种方法通常用于污染程度极高或需采用特殊处理技术的土壤。

异位修复技术的优势在于能够更彻底地处理污染土壤，且对现场环境的干扰相对较小。然而，其缺点也显而易见，如运输成本高、可能引发二次污染等。因此，在选择修复策略时，我们需综合考虑污染程度、土壤特性、经济条件及环境影响等因素，以实现最佳修复效果。

三、重金属污染土壤修复的理论基础

目前重金属污染土壤修复技术发展迅速，研究与应用较多的主要是生物修复技术和化学稳定固化修复技术，下面分别探讨土壤中重金属的动力学行为特征、植物修复重金属污染土壤的原理、微生物修复重金属污染土壤的原理。

（一）土壤中重金属的动力学行为特征

土壤中重金属的存在形态复杂多样，其中生物有效态是植物能够吸收并转运至地上部分的关键形态。这种生物有效态的含量受多种因素共同调控，包括重金属的化学形态分布、土壤的理化特性、气候条件、农业管理实践，以及植物本身的遗传特性。鉴于这些影响因素的多样性和动态性，寻找一种普遍适用的生物有效态提取方法及化学形态分析模式显得尤为困难。

土壤中重金属的环境行为，核心在于其吸附－解吸过程的动态变化。这一过程可分为两个阶段：初期为快速反应阶段，主要受制于化学反应，重金属迅速与土壤基质结合或释放；随后进入慢速反应阶段，此阶段以物理作用为主导，重金属的解吸速率显著放缓。这两个阶段的动力学特征均可用 Elovich 方程和 Freundlich 修正式来拟合，它们有效地量化了重金属在土壤固相与液相之间的分配比例。

分配系数作为模型中的关键参数，直接反映了重金属在土壤溶液与固相间的浓度关系。分配系数较低时，意味着更多的重金属被固定在土壤固相中，活性较低，不易被生物体吸收利用。值得注意的是，分配系数并非固定不变，它随重金属种类、土壤类型及其物理化学条件的变化而波动。

基于重金属在土壤中的动力学行为原理，固定或稳定修复技术应运而生。该技术旨在通过化学或物理化学手段，调整重金属在土壤中的固液相分配、固相形态及其有效性形态的比例，从而降低其生物可利用性，达到修复污染土壤的目的。这种方法不仅有助于减少重金属对生态环境和人类健康的潜在威胁，也是当前重金属污染土壤治理领域的研究热点与实践方向。

（二）植物修复重金属污染土壤的原理

植物修复技术，其核心在于利用超积累植物对重金属污染土壤的独特净化能力。具体而言，这一技术涉及在受重金属污染的土壤中种植特定种类的植物，这些植物对土壤中的重金属元素展现出超乎寻常的吸收与累积特性。随着植物的生长，它们能够有效地将重金属从土壤中提取出来，并富集于植物体内。当这些超积累植物成熟后，通过收获并采取适当的处理方式，如灰化处理以回收重金属，即可实现重金属从土壤中的有效移除，从而达到减轻土壤污染、恢复生态平衡的目的。这类在重金属污染土壤修复中发挥关键作用的植物，便被称为超积累植物。超积累植物进行土壤重金属污染修复的原理主要是以下两个方面。

1. 超积累植物对根际土壤中重金属的活化

①超积累植物通过其根系分泌质子，有效酸化土壤，这一过程促进了土壤中不溶态重金属的活化，使得这些原本难以被植物吸收的重金属元素变得更容易被植物根系摄取，从而增强了植物对重金属的清除能力。

②超积累植物还具备一种独特的机制，即能够螯合土壤中的重金属。这意味着植物能够产生或利用某些化学物质，与重金属离子紧密结合，形成稳定的络合物，削弱重金属在土壤中的自由移动性，并促进其在植物体内的积累，最终通过收获植物来实现重金属的移除。

③为了更有效地吸收和固定土壤中的重金属，超积累植物还能分泌特殊的有机酸。这些有机酸与重金属离子发生螯合作用，提高重金属的溶解度和生物可利用性。特别是某些单子叶植物，在缺铁条件下能释放植物高铁载体，这种载体不仅能促进铁的吸收，还能带动锌、铜、锰等其他金属的溶解与吸收。此外，超积累植物还可能分泌类似金属硫蛋白或植物螯合肽的金属结合蛋白，以及促进金属溶解的特定化合物，进一步增强了其重金属修复能力。

④超积累植物还具备还原土壤中高价重金属离子的能力。在植物根细胞质膜上的专一性金属还原酶作用下，高价金属离子被还原为低价态，其溶解性随之提高，从而更容易被植物吸收。特别是在缺铁或缺铜条件下，一些植物的根系还原能力显著增强，不仅促进了铁、铜的吸收，还带动了锰、镁等其他金属元素的摄取。此外，当土壤中的 Fe/Mn 水合氧化物被还原时，原本被其吸附的重金属也会被释放并被植物吸收利用。

2. 超积累植物对土壤重金属吸收及其解毒机理

依据植物的生长需求，重金属元素可划分为必需与非必需两大类。必需元素，如铜和锌，是植物正常生长发育不可或缺的营养成分。然而，无论是必需还是非必需元素，一旦其在土壤中的浓度超出植物所能承受的阈值，均可能对植物造成损害，乃至引发中毒乃至死亡。

植物在面对重金属污染时，发展出了两种主要的机制来应对：外部排斥与内部耐受。外部排斥机制如同一道防线，有效阻止或限制重金属离子进入植物体内，尤其是防止其在细胞内的敏感区域积累，从而减轻对植物细胞的直接伤害。而内部耐受机制则是一种更为积极主动的防御方式，植物通过合成重金属螯合物，如小分子有机酸、氨基酸以及结合蛋白等，将已经进入细胞的重金属转化为毒性较低或无毒的结合态，这一过程有助于缓解重金属在植物体内的毒性效应，保护细胞免受进一步损伤。

值得注意的是，在重金属胁迫下，植物往往不会只依赖某一种机制，而是灵活运用多种机制的联合作用，以最大限度地减少原生质中重金属的过量积累，从而有效缓解中毒症状，确保超积累植物即便在高浓度重金属环境中也能正常生长、繁殖，并成功完成其进化历程。这种复杂的生理适应机制是植物在恶劣环境中生存与繁衍的关键所在。

（三）微生物修复重金属污染土壤的原理

微生物修复技术，作为土壤生物修复领域的璀璨明星，展现了广阔的发展前景与巨大的应用潜力。这一前沿生物学环保技术，巧妙地利用自然界中存在的或经人工培育的功能性微生物群落，通过优化环境条件，激发并强化其代谢活力，旨在将土壤中的有毒污染物转化为低毒或无毒形态，从而实现环境净化。

在应对土壤重金属污染的挑战中，微生物修复技术同样大放异彩。尽管微生物本身不具备直接破坏或降解重金属的能力，但它们却拥有改变重金属物理与化学特性的神奇"魔法"，进而影响这些有害物质在环境中的迁移与转化路径。具体而言，微生物通过一系列复杂的生物过程，如细胞代谢活动、表面生物大分子的吸附与转运、生物吸附作用、空泡吞饮现象以及氧化还原反应等，有效地将土壤中的重金属吸附固定或转化为毒性较低的形态，显著降低其污染程度。

微生物修复技术的这些机理，不仅揭示了生命体与环境污染物之间微妙而深刻的相互作用，也为重金属污染土壤的治理提供了科学依据和技术支撑。随着研究的深入和技术的不断进步，微生物修复技术有望在更广泛的领域发挥其独特优势，为保护生态环境、促进可持续发展贡献力量。微生物对土壤中重金属活性的影响主要体现在以下几个方面。

1. 微生物对重金属离子的生物吸附与积累机制

土壤微生物具备卓越的吸附与积累重金属离子的能力。它们既可通过主动运输方式摄取重金属离子作为营养元素，也能利用细胞表面的电荷特性吸附这些离子，最终将其固定在细胞表面或内部。这一过程涉及多种机制，包括胞外络合、沉淀以及胞内积累。具体作用方式有铁载体的特异性结合、形成金属磷酸盐或金属硫化物沉淀、利用细菌胞外多聚体、合成金属硫蛋白等金属结合蛋白进行螯合，以及真菌及其分泌物对重金属的有效去除。

2. 微生物对重金属离子的溶解与沉淀作用

在土壤环境中，微生物凭借分泌有机酸（如甲酸、乙酸等）的能力，有效络合并溶解重金属离子。此外，微生物自身的代谢活动也直接参与重金属的溶解与沉淀过程。

在营养丰富的条件下，微生物能显著促进 Cd 等重金属的淋溶，使其以低分子量有机酸络合物的形式从土壤中释放。不同碳源对微生物溶解重金属的能力有所影响，土壤有机质或结合麦秆作为碳源时，效果尤为显著。

3. 微生物对重金属离子的氧化还原转化

重金属在土壤中常以多种价态存在，其溶解度与迁移性受价态影响显著。微生物通过氧化作用使重金属以高价态形式存在，从而降低其活性和生物可利用性，减少迁移风险。

4. 重金属的甲基化与脱甲基化过程

在厌氧条件下，微生物能催化 Hg、Cr、Pb 等重金属与甲基反应，生成甲基化重金属有机化合物，改变其环境行为和毒性。甲基化作用大多由微生物介导完成，但需注意，不同重金属的甲基化产物毒性各异，部分甲基化重金属有机化合物毒性极高。因此，微生物的脱甲基化作用对于消除这些有害化合物具有重要意义。

5. 微生物对重金属－有机络合物的生物降解

重金属与土壤有机质形成的稳定络合物对重金属在环境中的行为有深远影响。微生物能够降解这些络合物，使重金属以氢氧化物形式沉淀或通过生物吸附固定，从而降低其环境风险。

6. 菌根真菌对土壤重金属生物有效性的调节

菌根真菌与植物根系形成的共生体——菌根，不仅促进植物对营养元素的吸收和生长，还通过分泌有机酸、离子交换、释放有机配体及激素等多种方式间接影响植物对重金属的吸收。菌根真菌在重金属污染土壤修复中发挥着不可替代的作用。

四、重金属污染土壤的植物修复技术

植物修复技术，作为一种利用植物及其根系微生物来净化受污染土壤、沉积物、地下水及地表水的生物技术，正日益受到关注。相较于传统的物理、化学及微生物处理方法，植物修复技术展现出了其独特的优势，如环境友好、成本低廉、可持续性强等。然而，尽管这项技术前景广阔，但在其应用与发展过程中，亦不可避免地面临一系列挑战与问题，亟待科研界与产业界共同解决。

重金属超积累植物的发现虽早，但将其作为一种系统化的技术手段应用于污染土壤的修复，则是近年来新兴的科研领域。众多学者对这一领域充满了热情与期待，纷纷投身重金属污染土壤的超积累植物修复技术的研究，推动了该技术的快速发展。如今，随着研究的深入与技术的成熟，超积累植物修复技术正逐步走向商业化道路，为环境修复领域带来了新的机遇与希望。然而，商业化进程中的挑战同样不容忽视，如如何提高修复效率、降低运营成本、确保修复效果等，都是未来需要重点攻克的问题。

（一）重金属超积累植物

重金属超积累植物无疑是植物修复技术的核心支柱，它们的存在与否直接决定了特定重金属污染土壤是否适合采用植物修复策略。超积累植物之所以被冠以"超积累"之名，是因为它们具备三项显著特征：首先，其地上部分能够累积的重金属含量远超普通植物，通常可达正常植物体内含量的百倍左右，具体临界值则依据所积累的重金属种类及其在土壤与植物中的自然浓度而定；其次，这些重金属在超积累植物的地上部浓度显著高于根部，体现了高效的转运能力；最后，即便在重金属污染的土壤中，这类植物仍能茁壮成长，展现出非凡的耐受力，积累系数与转运系数均超过1。

然而，自然界中超积累植物的分布并不广泛，且每种植物通常仅对1～2种重金属具有超积累能力，这主要归因于地壳中不同重金属的丰度差异及其在土壤与植物中的背景浓度变化。此外，超积累植物在植物修复技术中的广泛应用还面临若干限制。

生长缓慢与生物量低：由于长期在重金属胁迫环境下进化，超积累植物的生长速度普遍较慢，生物量相对较低，这限制了它们从污染土壤中移除重金属的效率。

环境适应性差：这些植物对生长条件极为挑剔，如温度、湿度等均需严格控制在特定范围内，且其地理分布具有显著的区域性和地域性特征，这使得成功引种至新环境进行大规模栽培变得困难重重。

专一性强：超积累植物的超积累能力往往局限于特定的1～2种重金属，且其积累效率受多种环境因素影响，缺乏灵活性，难以满足复杂污染土壤的多元化修复需求。

综上所述，尽管超积累植物在植物修复领域展现出巨大潜力，但其内在特性与外在限制仍需科研人员深入探索与创新，以克服现有挑战，推动植物修复技术的进一步发展与应用。

（二）植物修复技术的应用

20世纪90年代初，植物修复技术凭借其与工程实践的紧密融合，迅速成为环境治理领域的一个热门研究方向。随着技术的不断成熟与应用案例的积累，植物修复技术正逐步迈向市场化和商业化，展现出广阔的发展前景。

在植物修复过程中，植物对重金属的积累效果受多种因素综合影响。首要的是重金属在土壤中的浓度，它直接决定了植物可吸收的重金属总量。此外，土壤的pH、电导率、营养物质的供应状况以及重金属在植物体内的迁移速率（转运系数TF）也是关键因素。值得注意的是，土壤中磷、铅等的存在状态以及土壤的生物活性也可能对重金属的积累产生显著影响。

鉴于上述复杂性，通过合理的农艺措施优化来克服植物修复技术的局限性显得尤为重要。例如，调节土壤pH可以改变重金属的形态，进而影响其生物可利用性；适量施用肥料可以提升植物的生长状况，间接促进重金属的吸收；而使用螯合剂则能增强重金属在土壤中的溶解性和流动性，使其更易于被植物根系捕获。这些农艺措施的精准实施，不仅能够提升植物修复的效率，还能在一定程度上降低修复成本，推动植物修复技术的广泛应用与可持续发展。

第三节　有机物污染土壤修复理论与技术

一、土壤的有机物污染

随着经济的迅猛增长和城市化的加快，工业排放、农业生产活动以及日常生活所产生的废水、废气、废渣急剧增加，同时，农业生产中化肥与农药的广泛应用，共同导致了土壤面临前所未有的污染挑战。当这些污染物，尤其是那些难以自然降解的持久性有机污染物的输入量超出土壤自身的净化阈值时，土壤污染便不可避免，甚至可能达到极为严峻的程度。

就土壤中的有机污染物而言，其种类繁多，依据污染来源可大致划分为几大类：石油烃类、有机农药残留、持久性有机污染物、爆炸物（如三硝基甲苯）以及各类有机溶剂。其中，农药对土壤的污染尤为显著，其侵入土壤的路径多元且复杂：

直接施用：农药可直接施于土壤表面，或以拌种、浸种等形式与土壤直接接触，这是农药进入土壤的最直接途径。

喷洒残留：在农作物上喷洒农药时，部分农药会直接落到地面，或通过作物表面残留，经风吹雨打后逐渐渗入土壤。

大气沉降：农药在大气中以气态或颗粒态悬浮，最终可能通过雨水溶解或自然沉降的方式进入土壤。

生物链传递：农药可能通过杀死害虫、杂草等生物体后，随着这些生物体的死亡和分解进入土壤。此外，使用受农药污染的水源进行农业灌溉也是农药进入土壤的重要途径之一。

这些途径相互交织，共同加剧了土壤农药污染的问题，对土壤生态系统乃至人类健康构成了潜在威胁。因此，采取有效措施减少农药使用、优化施用方法、加强农药废弃物管理以及推广生态农业实践，对保护土壤环境、维护生态平衡至关重要。

二、有机物污染土壤的原位修复

（一）原位修复

原位修复是在污染现场就地处理污染物的一种生物修复技术，向污染的土壤中引入氧化剂（如空气、过氧化氢等）和其他营养物质、种植特殊植物甚至接种外来微生物、微型动物等使污染现场污染物在生物化学作用下降解，达到修复的目的。我们可以采用的形式主要有投菌法、土耕法、生物培养法和生物通风法等。

（二）原位修复技术

1. 植物修复

（1）植物的直接吸收与降解机制

植物在土壤有机物降解过程中扮演双重角色：固定与降解。植物固定通过调整污染土壤的理化特性，促使有机污染物转化为腐殖质而得以稳定；而植物降解则涉及有机污染物被植物体吸收后，以原形或无毒代谢中间产物的形式储存于植物组织中，或通过木质化作用进一步矿化为水和二氧化碳，甚至可能随蒸腾作用排出体外。该机制对处理疏水性适中的污染物尤为有效。然而，对强疏水性污染物，由于其紧密吸附于根系及土壤，难以转运至植物体内，限制了其应用范围。此外，挥发性污染物通过蒸腾作用释放至大气或其他土壤，以及有毒物质在植物地上部的积累，可能带来额外的生态风险，因此该技术在实际应用中，我们需谨慎评估。

（2）植物分泌物的促进降解作用

植物根系能向土壤释放大量分泌物，这些分泌物不仅包括酶类，还涵盖糖、醇、蛋白质、有机酸等多种成分，总量可达植物年光合作用产物的 10% ~ 20%。其中，根系释放的酶类对污染物的直接降解作用尤为关键，其降解速率迅速。即便植物死亡后，这些分泌物仍能在环境中持续发挥分解作用。此外，植物还能分泌共代谢底物，促进难降解污染物的共代谢过程，从而加速其分解。

（3）根际微生物降解的强化

根际区域，作为受植物根系活动深刻影响的特殊土壤微域，其物理、化学及生物学特性显著区别于周围土体。植物根际为微生物提供了理想的栖息地，通过氧气传输维持根区好氧环境的稳定。根系分泌物中的营养物质和酶类不仅直接参与有机污染物的降解，还促进了根际微生物的生长与活性，导致根际微生物种群密度远高于非根际土壤，形成有利于降解的菌根环境。这种联合作用不仅增强了微生物间的协同降解能力，还提升了植物的抗逆性和耐受性。同时，根系腐解过程释放的有机碳加快了根区有机污染物的降解速率，而根系的穿插作用则有助于降解菌的分散和土壤结构的疏松。反过来，根际微生物的活动减轻了污染物对植物的毒性，促进了植物生长，从而形成了一个良性循环，显著加速了污染土壤的修复进程。

2. 微生物修复技术

微生物凭借其卓越的降解能力和高度的环境适应性，成了处理有机污染物的得力助手。它们能够以有机污染物为唯一碳源和能源，或与其他有机物进行共代谢，从而有效降解各类环境介质中的污染物。微生物修复技术正是基于这一原理，通过利用土著微生物或投加外源高效微生物，利用它们的矿化作用和共代谢作用，将有机污染物彻底分解为无害的二氧化碳、水以及简单的无机化合物（如含氮、磷、硫的化合物），从而彻底消除污染物对环境的威胁。这一技术在农田土壤污染修复领域尤为常见，因其高效、环保而备受青睐。

3. 植物－微生物联合修复技术

随着对植物修复技术研究的深入，人们逐渐认识到单一依赖植物吸收/积累有机污染物存在局限性。因此，植物－微生物联合修复技术应运而生。这一技术，又称根际修复，旨在通过微生物与植物的协同作用，强化土壤有机污染物的去除效果。在自然条件下或人工引入外源微生物后，微生物可直接参与污染物的降解过程，或通过促进植物生长（部分研究还指出，植物根系分泌的化学物质能刺激微生物数量的增加和活性的提升）来间接增强修复效果。植物－微生物联合修复技术充分利用了植物与微生物之间的相互作用，形成了一种更为高效、综合的土壤污染修复策略。

4. 物理化学修复

（1）土壤气相抽提（SVE）技术和生物通风（BV）技术

土壤气相抽提技术，作为一种先进的土壤原位修复手段，其核心在于通过强制引入新鲜空气流经受污染的土壤区域，并利用真空泵产生的负压效应，促使空气在流经过程中解吸并携带出土壤孔隙中的挥发性有机化合物（VOCs）。这些携带污染物的空气随后被抽取至地表，并通过活性炭吸附、生物处理等多种净化工艺进行处理，最终可安全排放至大气或循环注入地下使用。

BV 技术，作为 SVE 技术的进一步发展与优化，可视为一种生物增强型 SVE 方法，两者均旨在有效清除土壤不饱和带中的有机污染物。然而，它们在系统配置、设计目标及应用场景上存在显著差异。

系统配置与设计目标：SVE 系统通常将注射井与抽提井布置于污染区域的中心，以提高空气抽提速率，主要聚焦于快速去除土壤中的 VOCs。相反，BV 技术则倾向将井位设于污染边缘，通过降低空气流速以延长气体在土壤中的滞留时间，从而优化氧气传递效率，为原位微生物创造更加有利的好氧环境，促进其对有机污染物的生物降解。这一转变实质上是从物理抽提转向了生物修复的策略。

应用场景：SVE 技术因其前期处理速度快的特点，特别适用于处理如汽油储罐泄漏等含高浓度 VOCs 的点源污染场地。然而，随着修复进程的推进，其去除效率会逐渐下降。相比之下，BV 技术展现出了更广泛的应用潜力，不仅能够应对 VOCs 污染，还能有效处理半挥发性及非挥发性有机污染物，覆盖了点源及面源污染的多种场景，为复杂污染问题的综合治理提供了可能。

（2）空气喷射（AS）技术

空气喷射是一种针对饱和区有机污染物的土壤原位修复方法。该技术通过向饱和区土壤中直接喷射新鲜空气，形成上升的悬浮羽状体，这一过程不仅为地下水中的溶解性有机污染物提供了向上的迁移路径，还有助于去除潜水位以下的污染物质。同时，注入的空气携带氧气，促进了地下水的生物降解过程，增强了微生物对有机污染物的分解能力。此外，AS 技术还能将挥发性污染物从地下水中转移至不饱和区，为后续采用 SVE 技术或 BV 技术处理提供便利。

（3）土壤冲洗技术

土壤冲洗技术利用水压作为驱动力，将清水或含助溶剂的水溶液直接注入受污染土层，或提升地下水位以覆盖污染区域，通过水力冲刷作用，污染物从土壤中解吸并随水流迁移。该技术适用于处理地下水位以上及饱和区的吸附态污染物，包括易挥发卤代有机物、非卤代有机物等。冲洗过程中，冲洗液从污染区域上游注入，含污染物的废液则在下游通过抽提井收集并输送至废水处理系统进一步净化。值得注意的是，该技术对土壤渗透性有一定要求，质地细腻的土壤可能需要多次冲洗才能达到理想效果。

（4）原位化学氧化还原修复技术

原位化学氧化还原修复技术利用化学氧化剂与土壤中的污染物发生氧化反应，促使污染物降解或转化为毒性更低、迁移性更弱的形态。该技术无须挖掘污染土壤，只需在污染区域钻孔并注入氧化剂，通过混合反应实现污染物的就地处理。该技术适用于修复受石油类、有机溶剂、多环芳烃、农药及难溶性氯化物等严重污染的场地，这些物质往往难以被微生物自然降解。然而，对于轻度污染区域，该技术的成本效益可能不高。

（5）原位加热修复技术

原位加热修复技术，又称热力强化蒸汽抽提技术，通过热传导（如热井、热墙）或辐射（如微波加热）方式加热土壤，促进半挥发性有机物的挥发和去除。该技术分为高温（＞100℃）和低温（＜100℃）两种类型，适用于处理卤代有机物、非卤代半挥发性有机物、多氯联苯及高浓度疏水性液体等污染物。整个修复过程通常需要3~6个月，且需精心设计和操作加热与蒸汽收集系统，以确保修复效果并防止二次污染的发生。

三、有机物污染土壤的异位修复

（一）异位生物修复技术

在原位修复技术难以满足特定环境修复要求时，异位生物修复技术便成了一个极具吸引力的替代方案。异位生物修复，顾名思义，是将受污染的土壤从原位置挖掘出来，并运输至远离污染源的安全地点进行处理。在这一过程中，通过运用先进的生物及工程技术手段，促进土壤中污染物的生物降解，从而实现对污染土壤的有效净化。

异位生物修复技术的核心优势在于，它能够提供一个相对可控且优化的生物降解环境，确保生物降解过程在最佳条件下进行，进而提高污染物的去除效率。这一方法不仅处理效果显著，而且能够有效防止污染物在运输和处理过程中的扩散与转移，减少了对周围环境的潜在威胁。

鉴于异位生物修复技术在处理效果、环境安全性及操作灵活性等方面的突出表现，它已被视为一种具有广泛应用前景的土壤污染治理手段。未来，随着技术的不断进步和创新，异位生物修复有望在更多复杂和严重的土壤污染案例中发挥关键作用，为环境保护事业贡献力量。

（二）其他异位修复技术

1. 生物堆法

生物堆法是一种异位土壤修复技术，专门应对有机污染土壤的治理。该技术涉及将受污染的土壤挖掘后集中堆放，并通过一系列强化措施，如添加高效降解微生物、补充水分、氧气及营养物质，为土壤中的微生物创造一个最优化的生存环境。此举旨在显著提升污染物去除效率，尽管过程中可能会有部分挥发性有机污染物的挥发损失。生物堆法尤为适用于处理高浓度、难降解且易迁移的有机污染物，其不仅能有效限制污染扩散，还能在修复过程中保护土壤结构与肥力，是当前处理有机污染土壤的关键技术之一。

2. 堆肥化技术

堆肥化，这一源自传统固体废弃物处理的古老技术，同样在污染土壤修复中大放异彩。通过向污染土壤中加入树枝、稻草、粪肥、泥炭等易腐材料作为支撑介质，结合机械或压气系统供氧，并适时调节 pH，土壤在堆肥发酵过程中实现污染物的降解。根据工程应用方式的不同，堆肥化可分为风道式、好氧静态式和机械式。处理后的土壤不仅去除了大部分污染物，还恢复了肥力，可直接回归原位或用于农业生产。

3. 生物反应器处理法

生物反应器处理法借鉴了污水生物处理的原理，将污染土壤与水混合后置于反应器内，接种微生物进行降解处理。随后，通过固液分离技术将处理后的土壤与水分离，土壤部分可运回原地，而分离出的水体则根据水质情况选择直接排放或送至污水处理厂进一步净化。生物反应器法以水相为介质，具有传质效率高、环境参数易调控、适应性强等优点，但相对较高的工程复杂度和成本也是其不可忽视的方面。

4. 土壤淋洗修复技术

土壤淋洗修复技术的灵感源自采矿与选矿工艺，通过物理与化学手段将污染物从土壤中分离。该技术流程包括挖掘污染土壤、筛分去除杂质、混合淋洗液萃取污染物、固液分离、废液处理及挥发性气体处理等步骤。淋洗过程不仅能够有效去除土壤中的重金属、放射性核素、石油烃类、挥发性有机物、多氯联苯及多环芳烃等多种污染物，还适用于黏粒含量低于 25% 的土壤类型。淋洗后的土壤若符合环保标准，可安全回填或再利用，而处理过程中产生的污泥则需进一步脱水处理或送至最终处置场所。

第八章

固体废物污染及处理技术

第一节 固体废物污染的危害与管理原则

一、概述

(一) 固体废物概述

固体废物,简称"固废",是指在社会生产、日常生活及其他各类活动中产生的不再保留原有利用价值,或虽未完全丧失价值却被主动放弃的固态、半固态物质,以及那些按法律法规需纳入固体废物管理体系的气态物质(当它们被置于容器中时)。固废主要源自两大领域:工业生产与日常生活。前者产生的固废被称为工业废渣,而后者产生的则归类为生活垃圾。

固废的产生具有其内在必然性。在资源利用过程中,基于生产活动或消费行为的特定需求,总会有部分物质被判定为不再需要而遭到废弃,比如工业生产中的边角余料。同时,所有产品均设有一定的使用寿命,一旦超出此期限,继续使用就可能带来风险(如老旧汽车的安全隐患),因此其应被视为废物处理。

此外,固废的分布展现出鲜明的时空特性。时间维度上,随着科技的进步和资源的日益稀缺,如今被视为废物的物质,在未来可能因技术进步而转化为宝贵资源,体现了废物与资源之间的动态转换。空间维度上,某一特定环境或情境下的废物,在另一环境或情境下可能重获利用价值,如日常丢弃的塑料瓶,在回收站中则成为生产涤纶的关键原料,这一转变凸显了"放错地点的资源"这一概念,强调了固废潜在的重用价值。

(二) 固体废物的分类

固体废物可以按照化学性质、来源、形态、污染特性等进行分类。

1. 按化学性质分类

固体废物依据其成分特性,可大致划分为有机废物与无机废物两大类别。无机废物主要由那些难以被微生物分解的物质构成,它们多源自各类废弃物品,如废弃的瓶罐、包装材料中的废金属与废玻璃，以及废旧家具、电器、厨具和车辆中的金属部件和玻璃构件。此外，无机废物还包括燃料燃烧后的残渣及日常生活产生的渣土，典型如玻璃瓶、塑料（尽管塑料本质上是有机高分子材料，但在固废分类中常因其难以生物降解而归入无机废物）、陶瓷碎片、金属废料及灰土等。

相对地，有机废物则涵盖了所有含有较高比例（通常超过20%）有机质的物品和物质。这些废物主要源于农业活动（如秸秆、畜禽粪便、农副产品残余）、工业生产过程（如高浓度有机废液、有机废渣）以及城市生活（如厨余垃圾、动植物残体、园林修剪下的枝叶、市政污泥等）。将有机废物视为一种潜在资源而非单纯的污染源，体现了资源循环利用与生态保护的和谐共生理念，强调了通过合理处理与利用，这些废物能够转化为有价值的资源。

2. 按来源分类

固体废物根据其来源和特性，可大致划分为城市垃圾、工矿业废物及农业废物几大类。

城市垃圾，作为固体废物的重要组成部分，主要包括日常生活中的废弃纸张、塑料制品、玻璃制品、金属制品以及厨余垃圾等。城市生活垃圾的具体构成、生成量及其组分受多种因素影响，如城镇化水平的高低、废旧物资的回收利用率、居民的生活习惯、季节变换与气候条件，以及当地的环境状况等。

工矿业废物则主要源自各类工业生产和矿业活动。在工业生产过程中，废渣、粉尘、碎屑、污泥等是常见的固废形态；而在采矿作业中，则会产生大量的废石和尾矿。值得注意的是，不同行业因其生产特性和工艺流程的差异，所产生的固废种类和性质也各不相同。

农业废物则广泛涵盖了农林牧副渔等农业生产活动中产生的固体废弃物。这些废物主要包括农作物收获后留下的秸秆、枯枝落叶、木屑，畜牧业中产生的动物尸体、家禽家畜粪便，以及农业作业过程中使用的各类资材废弃物，如肥料包装袋、农用薄膜等。农业废物的妥善处理对于保护农村生态环境、促进农业可持续发展具有重要意义。

3. 按形态分类

固体废物依据其物理状态，可划分为固态、液态及气态废物三大类。然而，在实际管理中，这一分类并非绝对。在我国，虽然大部分废弃物以固态形式存在，但值得注意的是，某些液态废物和本应以气态存在却因环保要求必须被收集并置于容器中的气体废物，因其潜在的环境危害性和处理上的特殊性，同样被纳入固体废物的管理范畴。

此外，还存在一种介于固态与液态之间的废物形态，即半固态废物。这类废物的一个典型代表是污水处理厂在处理污水过程中产生的剩余污泥。这些污泥虽名为"泥"，但其高含水率（如高达80%）使其呈现出半流动状态，处理上需采用针对固体废物的技术方法，因此也被归类为固体废物进行管理。这种分类方式不仅体现了废物管理的科学性，也强调了在实际操作中需根据废物的具体特性采取适宜的处理措施。

4. 按污染特性分类

固体废物根据其特性及潜在的环境与健康风险，可进一步细分为一般废物、危险废物及放射性废物三大类。

一般废物，尽管短期内对人类和环境的直接危害可能不明显，但长期堆积不处理仍可能对大气、土壤及地下水造成污染，显示出潜在的环境风险。这类废物包括但不限于日常生活中产生的垃圾，其管理虽相对宽松，但仍需关注其长期环境影响。

危险废物则因其独特的毒性、腐蚀性、反应性、易燃性或易爆性等特点，对环境和人体构成显著威胁，我们需采取特殊的管理措施以确保安全。例如，医疗废物因其高感染性，对周围环境和人群构成直接威胁，我们必须按照严格的标准进行收集、运输和处置。

放射性废物，特指那些放射性核素含量超出国家规定安全限值的固体、液体或气体废物。这类废物主要源于核燃料生产、加工、同位素应用、核电站运营、核科学研究、医疗活动及放射性废物处理等多个领域，包括但不限于尾矿、受污染的废旧设备、防护装备、废树脂、水处理污泥及蒸发残渣等。鉴于放射性废物在管理和处置上的特殊要求，许多国家将其独立于危险废物之外进行专项管理，以确保安全并防止对环境和公众健康造成不可逆的损害。

二、危险废物的特性

危险废物特性主要包括易燃性、腐蚀性、反应性和毒性等。

(一) 易燃性

1. 液态易燃性危险废物

液态易燃性危险废物特指那些闪点低于60℃（闭杯实验测定）的液体、液体混合物或含有固体成分的液体。闪点，作为衡量液体易燃性的关键指标，指的是在标准大气压下，液体表面蒸发的可燃气体与空气混合后能被火焰或火花点燃的最低温度。废有机溶剂是液态易燃性危险废物中的典型代表，它们的闪点普遍极低，有的甚至低于0℃，如废弃的苯、汽油、乙醚等。

2. 固态易燃性危险废物

固态易燃性危险废物是指那些在常温及标准大气压下，能够因摩擦、撞击或自发产生热量而引发燃烧，且一旦点燃便能剧烈且持续燃烧，对周围环境构成威胁的固体废弃物。这类废物的一个典型例子是炼油工业中产生的废油渣，它们在储存和处置过程中需特别谨慎处理。

3. 气态易燃性危险废物

气态易燃性危险废物描述的是在特定条件下，与空气混合后，体积分数在一定范围内（≤13%）即可被点燃的气体，或者是混合气体中易燃上限与易燃下限之差达到或超过12%的气体。这里的易燃下限与上限分别指的是可燃气体与空气混合后，能够维持火焰传播所需的最低和最高浓度。此类废物在储存、运输和处理过程中，需严格控制其浓度范围，以防意外点燃导致火灾或爆炸事故。

（二）腐蚀性

危险废物的腐蚀性特性可通过以下两种方法进行评估。

第一种方法是基于液体的 pH 测定。按照标准程序将固体废物转化为液体形态后，测量该液体的 pH。若测得的 pH 不小于 12.5（表明呈强碱性）或不大于 2.0（表明呈强酸性），则该废物即被判定为具有腐蚀性，归类为腐蚀性危险废物。

第二种方法是基于特定条件下的腐蚀速率测试。此测试要求将待测废物置于 55 摄氏度的环境中，观察其对标准 20 号钢材的腐蚀作用。若在该温度下，废物对钢材的腐蚀速率达到或超过 6.35 毫米每年，则同样表明该废物具有显著的腐蚀性，应被归类为腐蚀性危险废物。这两种方法共同构成了判断危险废物是否具有腐蚀性的标准流程。

（三）反应性

符合以下任一条件的废物，均可归类为具有反应性的危险废物。

1. 具有爆炸性质

在常温常压条件下表现出不稳定性，即使无外界引爆因素，也能自发发生剧烈变化。

在 25℃ 及标准大气压下，容易发生爆轰或爆炸性分解反应。

在受到强起爆剂作用时，或在封闭环境中加热，能引发爆轰或爆炸性反应。

2. 与水或酸接触产生易燃或有害气体

与水混合后能迅速发生化学反应，释放大量易燃气体并伴随热量，可能引发火灾或爆炸。

与水反应产生对人体健康或环境有害的有毒气体或烟雾等，如酸性条件下，每千克含氰化物的废物分解后能释放不小于 250 毫克的氰化氢气体，或每千克含硫化物的废物分解后能释放不小于 500 毫克的硫化氢气体。

3. 废弃后仍易引发燃烧或爆炸

对热、震动或摩擦极为敏感的含过氧基的有机过氧化物，这些物质在储存、运输或处理过程中需格外小心，以防因外部刺激而发生意外。

（四）毒性

危险废物的毒性主要包括浸出毒性和急性毒性两大类。

1. 浸出毒性

浸出毒性是指固体废物在特定的浸出条件下，其浸出液中含有的一种或多种有害成分浓度超过了国家规定的鉴别标准。这些有害成分广泛涵盖了无机元素及其化合物、有机农药、非挥发性有机物以及挥发性有机物四大类，共计约 50 种物质。当固体废物的浸出液中任一种或多种这些有害成分超标时，该废物即被认定为具有浸出毒性的危险废物。

2. 急性毒性

急性毒性废物的判定依据多种实验标准。具体而言，若废物满足以下条件之一，则被视为急性毒性废物：一是通过口服给予成年白鼠后（固体废物 $LD_{50} \leqslant 200$ 毫克每千克或液体废物 $LD_{50} \leqslant 500$ 毫克每千克），在 14 天内导致半数实验动物死亡的；二是通过皮肤接触给予白兔（$\leqslant 1000$ 毫克每千克），接触 24 小时后，在接下来的 14 天内导致半数实验动物死亡的；三是通过烟雾或粉尘等形式吸入给予雌雄成年白鼠（$\leqslant 10$ 毫克每升），暴露 1 小时后，在接下来的 14 天内导致半数实验动物死亡的。

危险废物对人体健康的危害不容忽视。短期内，它们可能通过摄入、吸入、皮肤吸收或眼睛接触等途径迅速引发毒害作用，甚至导致爆炸、燃烧等严重危害事件。长期来看，长期接触危险废物则可能引发中毒、致癌、致畸及致突变等一系列严重健康问题。因此，我们对危险废物的妥善管理与处置至关重要。

三、固体废物污染的危害

固体废物对环境和人体的危害主要有以下几个方面。

（一）污染水体

固体废物若未经妥善的无害化处理而随意堆放或丢弃，将随着自然降水或地表径流的冲刷，逐渐渗透至河流、湖泊等水体中，不仅导致水域面积缩减，更因其中含有的有害成分（如汞、镉、铅等重金属）对水体造成深远污染。这些有害物质一旦进入土壤，进而污染地下水，或随雨水渗透至水井、河流乃至邻近海域，通过生物链的累积与传递，最终可能对人类健康构成严重威胁。

当前，我国每年有高达 1000 多万吨的固体废物未经处理便直接排入江河，这一行为不仅急剧恶化了水质，还直接威胁水生生物的生存环境及水资源的可持续利用。此外，垃圾填埋场与河岸堆积的固体废物，在雨水浸淋及自身分解过程中会产生大量渗滤液，这些渗滤液对江河、湖泊乃至地下水资源构成了严重的污染风险。在我国部分城市的垃圾填埋场周边区域，地下水的水质已受到显著影响，表现为浓度、色度异常，总细菌数激增，以及重金属含量严重超标等现象。

令人担忧的是，海洋这一占地球表面积约 70% 的广阔领域也未能幸免于固体废物的污染。一些国家选择将固体废物直接倒入海洋，甚至将海洋视为一种废物处置方式，这种做法严重违背了国际环保公约，对海洋生态系统造成了不可估量的损害。因此，加强固体废物的分类收集、安全运输、合理处置与资源化利用，已成为全球范围内亟待解决的重大环境问题。

（二）污染大气

固体废物在长时间堆放过程中，由于内部发生的复杂化学反应及微生物活动，可能引发一系列环境问题。一方面，某些含有特定成分（如高硫煤矸石）的废物在堆放时可能自燃，释放出大量热量及有害气体，如二氧化硫，不仅污染大气，还可能对周围环境构成火灾隐患；另一方面，厌氧环境下，废物分解产生的恶臭气体（如氨气、硫化氢）对公共卫生环境造成严重影响，降低了周边居民的生活质量。

焚烧处理作为固体废物管理的一种常见手段，虽然能有效减小废物体积并回收部分能源，但其过程中产生的大量有害气体和粉尘也是不容忽视的问题。焚烧排放的污染物可能包括二氧化硫、氮氧化物、颗粒物（如 $PM_{2.5}$）以及某些有机污染物，这些物质对大气环境和人体健康构成潜在威胁。

此外，随意燃烧垃圾，特别是在农村地区常见的秸秆焚烧现象，更是加剧了空气污染问题。焚烧秸秆时，短时间内大气中的污染物浓度急剧上升，二氧化硫、二氧化氮及 $PM_{2.5}$ 等污染指标迅速达到峰值，对周围人群的眼睛、呼吸道等造成直接刺激，可能引发流泪、咳嗽、胸闷等症状，严重时甚至诱发支气管炎等呼吸系统疾病。

因此，针对固体废物的管理与处理，我们需要采取更为科学、环保的方法，减少焚烧等可能产生的二次污染，推广分类收集、资源化利用及无害化处置技术，以减轻对环境的负面影响。

（三）污染土壤

塑料，特别是农田中广泛使用的塑料薄膜，已成为土壤污染的重要来源之一。在我国农村地区，大量塑料薄膜在使用后被遗弃于土壤中，难以自然降解，长期滞留不仅阻碍了农作物对养分和水分的有效吸收，还直接影响了农作物的正常生长，导致减产现象频发。

当固体废物未经妥善处理而露天堆存时，它们会经受日晒雨淋的侵蚀，其中的有害成分逐渐渗入地下，对土壤造成深层次的污染。这些有害物质会深刻改变土壤的成分、结构、性质及功能，干扰土壤微生物的正常活动，破坏土壤的生态平衡。随着土壤肥力和自我净化能力的下降，农作物的生长环境日益恶化，轻则生长受阻、产量下降，重则导致作物大面积枯萎死亡。更为严重的是，这些有害物质还可能通过食物链进入人体，对人类健康构成潜在威胁。

因此，我们采取有效措施减少塑料在农业中的使用，加强固体废物的分类收集、安全处置与资源化利用，对保护土壤资源、维护生态平衡、保障人类健康具有重要意义。

（四）占用土地资源

每堆积 1 万吨废物，需占用几百平方米的土地面积，而受固体废物污染的实际土地范围往往远超过堆渣本身所占面积，常为其 1～2 倍。随着全球人口的增长，填埋方式处理的垃圾量不断攀升，已在全球范围内形成了一个新的圈层——"垃圾圈"，它与大气圈、水圈并存，对地球表面环境造成了显著影响。这一"垃圾圈"不仅覆盖了陆地，还延伸至海洋，形成广泛的污染带。

（五）直接威胁人体健康

在固体废物的堆存、处理、处置及资源化利用过程中，若管理措施不当，废物中的有害物质可通过水体、空气及食物链等多种途径进入人体，从而对人体健康构成直接危害。具体而言，工矿业废物中的化学物质可能渗入地下水，污染饮用水源，造成人体化学性中毒；医疗废弃物若处理不当，其携带的病原体可能引发疾病传播，形成生物性污染；此外，若垃圾焚烧过程控制不严，可能产生如二噁英等剧毒副产物，这些物质具有极强的致癌性，对人类健康构成长期且严重的威胁。因此，加强固体废物管理，确保其安全、合规处理，对保护人类健康至关重要。

四、固体废物管理的原则

（一）减量化原则

减量化原则强调在生产和消费活动中，应力求以最少的资源投入和能源消耗达成既定目标，从而在源头上遏制废物生成，减轻环境负担。这不仅意味着要减少废物的数量，更包括降低废物的种类多样性，特别是减少有害废物的产生，以及降低危险废物中有害成分的浓度，从而降低固体废物的负面影响。在日常生活中，实践减量化原则可以体现在诸如携带可重复使用的购物袋代替一次性塑料袋等具体行动上，这不仅减少了塑料垃圾的产生，也有效缓解了难以降解塑料对环境的长期污染。

（二）资源化原则

资源化原则倡导通过科学管理和技术创新，从固体废物中提炼有价值的物质和能源，实现资源的再循环利用。这一原则旨在促进物质与能量的高效循环，创造经济价值，同时从源头上降低新资源的开采需求，进一步降低固体废物的生成量。例如，设置衣物回收箱不仅体现了社会关爱，也是废物资源化的具体实践，有助于延长物品使用寿命，减少资源浪费。

（三）无害化原则

无害化原则要求采用先进、环保的技术手段，确保固体废物的处理与处置过程对环境无害或尽可能减少危害，保障人体健康与生态安全。这一原则强调在废物管理的每一个环节都应遵循环保标准，确保废物得到安全、合理的处理，防止其对环境造成二次污染。在日常生活中，积极参与垃圾分类便是实践无害化原则的有效方式之一，它不仅促进了废物的资源化利用，还减轻了环卫工人的工作负担，共同维护了社区的清洁与美观。

第二节 垃圾分类与清运

一、垃圾分类

垃圾分类是一项系统性工程，它遵循特定规则或标准，旨在将各类垃圾进行有序分类储存、投放与搬运，进而转化为可再利用的公共资源。这一过程的核心目标在于最大化提升垃圾的资源化利用价值与经济价值，确保物尽其用。

全球范围内，城市生活垃圾分类的实践普遍依据垃圾的成分、产生量以及当地的资源回收与处理能力来定制具体分类方案。实施垃圾分类收集策略，不仅能够有效减少垃圾的总体处理量，降低对处理设施的需求，从而降低处理成本，其带来的社会、经济与生态效益显而易见。

然而，在我国多数城市，尽管已普遍设置了垃圾分类收集设施，如小区内的垃圾桶及道路上的可回收与不可回收分类垃圾桶，但实际执行效果并不理想。居民在投放垃圾时往往未能严格按照可回收与不可回收的标准进行分类，导致大量可回收资源未能得到有效循环利用，同时有害垃圾也未能得到妥善处理，进而加剧了环境污染问题。

一般而言，城市生活垃圾大致可分为四大类：有害垃圾，这类垃圾若处理不当可能对人体健康或自然环境造成危害；易腐垃圾（厨余垃圾），富含有机物质，适宜进行生物降解处理；可回收垃圾，包括纸张、塑料、金属等可再利用材料；以及其他垃圾，即上述三类之外的生活废弃物。优化垃圾分类体系，提升公众分类意识与参与度，对于促进资源循环利用、减轻环境压力具有重要意义。

（一）有害垃圾

有害垃圾在日常生活中广泛存在，主要包括废电池、废荧光灯管、过期药品及其包装，以及废油漆桶及其包装等。这些物品由于含有对人体健康或自然环境有害的物质，所以必须采取特殊的安全处理措施，以防止其对环境造成污染。

（二）易腐垃圾

易腐垃圾，也称厨余垃圾，主要源于食堂、宾馆、饭店等餐饮场所产生的食物残余，以及农贸市场丢弃的果皮、腐肉、蛋壳等。这类垃圾富含有机质，易发酵分解，是堆肥处理的理想原料。通过生物技术进行就地处理，每吨厨余垃圾可转化为约 0.3 吨有机肥料，实现资源循环利用。

（三）可回收垃圾

可回收垃圾涵盖了废纸、废塑料、废金属、废包装物、废旧纺织物、废玻璃等多种类别，这些资源若得到有效回收利用，将极大促进资源的可持续利用。废纸类包括报纸、期刊、图书、包装纸、办公用纸等（但需注意，纸巾和厕所纸因水溶性过强而不可回收）。塑料类则广泛涉及各种塑料袋、塑料瓶、一次性餐具等。玻璃、金属（如易拉罐、罐头盒）及布料（如废旧衣物、桌布）等亦属可回收之列。通过综合处理与回收利用，不仅能减少环境污染，还能显著节约资源。例如，回收 1 吨废纸可再造约850 千克好纸，节省木材 300 千克，并大幅减少污染；回收废钢铁则能节约成本，同时大幅减少空气、水体及固体废物的污染。

（四）其他垃圾

其他垃圾主要包括除上述几类之外的废弃物，如砖瓦陶瓷碎片、渣土、卫生间废纸等，这些垃圾往往因材质或污染程度较高而难以回收。对这类垃圾，通常采用焚烧或填埋等处理方式，以最大限度地减少对地下水、地表水、土壤及空气的潜在污染。

二、垃圾清运

垃圾在分类储存阶段属于公众的私有品，垃圾经公众分类投放后成为公众所在小区或社区的区域性准公共资源，垃圾分类被运到垃圾集中点或转运站后成为没有排除性的公共资源。

在我国，垃圾分类完成后要进行清除运输（清运），需要经历收集、运输和转运三个环节。

（一）垃圾的收集和运输

1. 垃圾储存容器

（1）垃圾箱（桶）的分类

垃圾箱（桶）根据多种标准进行分类。按容积大小，可分为大型（容积超过 1.1 立方米）、中型（容积为 0.1~1.1 立方米）和小型（容积小于 0.1 立方米）三种。从材质角度看，它们通常由金属、塑料或复合材料制成。若实行生活垃圾分类收集，我们则会采用不同颜色的标准塑料箱来区分有害垃圾、可回收垃圾、易腐垃圾（厨余垃圾）和其他垃圾，以便分类袋装收集。

（2）垃圾集装箱的类型

垃圾集装箱主要分为两大类：标准集装箱和专用垃圾集装箱。标准集装箱遵循国际标准尺寸，便于国际运输与交换。而专用垃圾集装箱则是专为环境卫生领域的垃圾收集与运输作业而设计的，具有更高的针对性和实用性。

（3）垃圾通道引发的问题

中高层建筑中常设有垃圾通道，便于居民投放垃圾。垃圾通道由投入口（或称"倒口"）、通道部分（圆形或矩形截面）以及垃圾间或大型收集容器组成。然而，垃圾通道的设置虽提供了便利，却也伴随着一系列问题：通道设计不当或用户不当使用易导致堵塞，影响正常使用；清除不及时、天气炎热等因素可能引发臭气外溢，影响环境卫生；此外，部分居民的不当行为也阻碍了城市垃圾的有效分类与贮存。鉴于此，业内专家建议在新建中高层建筑时避免设置垃圾通道，并通过宣传教育引导居民配合城市垃圾的就地分类搬运贮存方式。

2. 垃圾收集车

当前垃圾收集领域出现了多样化的垃圾收集车，以满足不同场景下的清运需求，包括但不限于人力三轮车收集车、小型自卸式垃圾车、桶装式垃圾车、压缩式垃圾车等。

（1）人力三轮车收集车

此类收集车主要用于将散落于果皮箱或垃圾桶内的垃圾集中运往中转站。其优势在于成本低廉，但随之而来的问题是垃圾在运输过程中易发生洒落，造成二次污染，且对环卫工人的体力要求较高，因此，随着技术的进步，其将逐步被更高效、环保的收集方式所取代。

（2）小型自卸式垃圾车

小型自卸式垃圾车通过流动作业模式，有效提升了垃圾收集与转运的效率。其显著特点在于良好的密封性，减少了运输过程中的污染风险；同时，其自卸功能减轻了环卫工人的劳动强度，使垃圾清运更加便捷高效。目前，这种收集方式已在国内众多城市得到广泛应用。

（3）桶装式垃圾车

桶装式垃圾车通过车辆尾部的升降装置，实现垃圾桶的自动化装载，整个过程清洁且对工人负担较小。然而，由于每次装载受限于车辆携带的空桶数量，导致其整体收集效率相对较低，需要频繁进行空桶与满桶的置换操作。

（4）压缩式垃圾车

压缩式垃圾车以其独特的上料与压缩机制脱颖而出，其能够自动将垃圾桶内的垃圾导入车内并进行高效压缩，从而显著提高了单次运输的承载量。此类车型不仅操作灵活，具备自我装卸能力，大幅降低了工人的劳动强度，而且通过垃圾压缩减小了体积，提升了收集效率与经济性，垃圾能够更快速地被运往大型中转站或直接进入处理环节。

3. 地下垃圾收集系统

地下垃圾收集系统相较于传统的地上收集系统，在设计与运作上展现出了独特的优势与创新。该系统的核心在于将垃圾箱置于地下，并辅以先进技术来辅助废物的有效收集，从而实现更为顺畅、高效的垃圾处理流程。

传统地上垃圾收集系统面临的挑战主要包括占用宝贵的地面空间、可能产生不良散发物（如异味）影响周边环境，以及相对较高的运营成本。而地下垃圾收集系统则有针对性地解决了这些问题。

空间优化：通过将垃圾箱置于地下，该系统彻底释放了地面空间，不再对城市规划造成额外负担，同时也提升了城市的美观度。

环境友好：垃圾箱位于地下且采用密封设计有效防止了垃圾散发物（包括气味、液体渗漏等）对环境的污染，保障了周边居民的生活质量。

高效自动化：地下垃圾收集系统通常配备高度自动化的操作机制，如气提技术等，仅需少量人员即可完成垃圾收集与转运工作，显著降低了人力成本，提高了工作效率。

在实际操作中，地下垃圾箱平时隐匿于地下，居民通过特设的投放口丢弃垃圾。当垃圾箱需清空时，我们可通过机械装置将其平稳提升至地面，利用箱体底部的滚轮便捷地倒入垃圾收集车中，随后再自动复位至地下。尽管该系统具有存储量大、地面占用少等优势，但其运行也伴随着一定的技术挑战。

技术门槛高：地下安装对精度和稳定性要求极高，我们需确保垃圾箱在提升过程中的平稳与安全。

基础设施要求严格：垃圾箱的重量（如重达5吨）对地基的承载能力和稳定性提出了更高要求，挖掘与回填过程中我们需特别注意土质的压实处理。

综合规划复杂：我们需细致考虑地下管道的布局，避免在垃圾收集过程中造成意外损坏，同时确保清空作业时的安全无虞。

综上所述，地下垃圾收集系统以其独特的空间优化、环境友好与高效自动化特点，正逐渐成为现代城市垃圾管理的新趋势，但同时也要求我们在设计、施工与运营过程中充分考虑技术细节与安全规范。

4. 气力管道收集系统

气力管道收集系统作为国外发达国家近年来推崇的高效卫生垃圾处理方式，其通过预设的管道网络，运用负压技术将生活垃圾安全抽送至中央收集站，再由专用压缩车转运至处置场。此系统分为混合与分类收集两种模式，尤其适用于高层住宅、现代化密集社区、商业繁华地带及对环境有高要求的区域。其显著优势在于全程密封运输，彻底隔绝垃圾与人流，有效防止二次污染，包括异味、蚊蝇滋生、噪声及视觉干扰；大幅降低收集作业的劳动强度，提升效率，改善环卫工人工作环境；摒弃传统收集工具与车辆频繁穿梭于居住区，减轻了交通负担；实现全天候自动化收集与压缩，不受天气影响，保障后续处理设施的稳定运行；并支持分类收集，提升资源回收效率。然而，该系统也面临初期投资巨大及对运维管理要求严苛的挑战，因此在国内应用有限，但在特定区域如开发区、高端住宅区、机场、游乐场等展现出了显著的应用潜力和优势。

（二）垃圾的转运

城市垃圾转运站作为垃圾管理系统中的关键过渡节点，有时可集收集与处理功能于一体，其主要职责是将分散点收集的垃圾汇集至集中点，再借助专业设备装载至大型运输车辆，最终送往垃圾加工中心或处理场所。转运环节的高效运作依赖专门的装卸装备与大型运输工具的配置。

根据日处理能力的不同，城市垃圾转运站可划分为小型（日装运量≤150吨）、中型（150吨＜日装运量≤450吨）及大型（日装运量＞450吨）三种规模，以满足不同城市或区域的需求。

在垃圾转运方式的选择上，存在多种模式以适应不同场景。

（1）垃圾斗与摆臂式垃圾车模式：此模式曾广泛使用，但因缺乏压缩功能，处理效率低、经济性差且卫生状况不佳，正逐渐被淘汰。

（2）垂直压缩与密封自卸式垃圾车模式：其利用垂直压缩技术提高垃圾密度，降低转运成本并改善卫生条件，但需较高建筑高度以支持压缩操作，因此土建成本较高。该模式因其高效性在多地得到广泛应用。

（3）水平压缩与密封自卸式垃圾车模式：通过水平压缩方式处理垃圾，结构简单、成本较低，但垃圾压实密度和成型效果相对较差，适用于预算有限的小城市。

（4）可卸式车厢大型垃圾车模式：其具备大容积车厢和高压缩密度，转运效率与经济性良好，但初期投入较高，更适合对环保要求严格且运输距离远的大中城市。

城市垃圾转运站作为收运系统的核心枢纽，通过封闭化运输提升了经济性与环保性，减轻了交通压力。随着城市发展的需求，垃圾转运站的重要性日益凸显，成为城市环卫设施的重要组成部分。

为确保垃圾收运过程不对环境造成负面影响，我们必须严格遵守操作规范，采取有效环保措施，并根据各城市和地区的实际情况灵活选择最适合的收集与转运方式。

第三节　垃圾填埋与焚烧

一、垃圾的填埋

垃圾填埋场作为固体废物集中处理的场所，位于地表浅层，是处理废弃物的关键物理设施之一。尽管垃圾填埋技术以其操作简便、兼容性强（能处理各类垃圾）著称，但其弊端亦不容忽视：该方法占用土地资源庞大，且易引发严重的二次环境问题。具体而言，垃圾填埋过程中产生的渗滤液若处理不当，会渗透至地下，污染土壤与地下水体；垃圾堆体散发的恶臭气体则直接威胁周边空气质量；此外，垃圾降解过程中释放的甲烷气体，不仅存在火灾与爆炸的风险，其排放至大气中还会加剧温室效应。

为应对这些挑战，部分城市已率先行动，建立了高标准的卫生填埋场，通过采用先进的防渗技术、渗滤液处理系统及甲烷收集利用装置，有效缓解了二次污染问题。然而，这类卫生填埋场的初期建设投资巨大，且长期运营成本高昂，包括规范的填埋作业、渗滤液深度处理及甲烷气体的资源化利用等费用。更为严峻的是，填埋场的容量终归有限，一旦达到饱和状态，便需另辟新址建设新的填埋场，这无疑进一步加剧了对土地资源的消耗。

因此，在垃圾填埋场的设计、施工、运营及管理的全链条中，我们应始终秉持环保与节约资源的原则，力求最大限度地减少对周边环境和人体健康的负面影响，同时积极探索更加高效、可持续的垃圾处理方式，以应对日益严峻的垃圾处理挑战。

（一）垃圾填埋类型

按照不同的分类方法，垃圾填埋类型有很多种。

1. 按照垃圾渗滤液是否进入土层可分为自然衰减型填埋和封闭型填埋

自然衰减型填埋是一种较为原始的处理方式，它不依赖人工防渗衬层或复杂的渗滤液收集系统，而是依赖填埋场下方天然的黏土层来自然净化渗滤液。在此模式下，渗滤液被允许缓慢渗透出填埋区域，并通过稀释、扩散等自然衰减机制在废物堆体及底部土壤中逐渐净化，从而在一定程度上改善废物的污染特性。然而，这种处理方式不可避免地会对地下水及土壤造成一定程度的污染，因此在选址与建设时需特别关注地下水质，确保在合理范围内其仍可作为安全饮用水源。

相比之下，封闭型填埋则采用了更为先进和环保的设计理念。它通过铺设专业的防渗衬层来有效阻断渗滤液向土壤及地下水层的渗透，同时配套建设渗滤液集排系统，实现对渗滤液的全面收集与处理。这种设计不仅将废物与环境完全隔绝，还确保了废物在填埋场内的长期安全保存，甚至可达数十年乃至数百年之久。在设定的安全处置期限内，封闭型填埋场能够严格控制废物中污染物的泄漏，从而显著减少对环境的二次污染，与自然衰减型填埋场相比，其环保效益更为显著。

2. 按照自然地形条件可分为陆地填埋和海上填埋

在垃圾填埋场的建设中，依据地形特点，陆地填埋可细分为山谷型填埋、地坑型填埋及地上型填埋三种主要类型。

山谷型填埋充分利用自然界的山谷地形，通过在山谷中直接填埋垃圾，显著减少了土石方工程量。以安徽省枞阳县生活垃圾填埋场为例，该类填埋场在山谷出口处构筑垃圾坝，以阻挡垃圾外流，上方设置挡水坝以防止洪水侵袭，并在四周开挖排洪沟，确保有效排除地表水，避免其渗入填埋区域，影响垃圾的稳定化处理。

地坑型填埋则适用于地势平坦且地下水位相对较深的区域，其特点是在平整的地面挖掘一定深度的坑体，用于填埋垃圾，并利用开挖出的土壤作为覆盖层。为防止渗滤液和填埋气体的泄露，坑的底部及四周需铺设人工薄膜或低渗透性黏土作为防渗衬层。这种填埋方式在土地资源相对充裕且覆盖层物质易于获取的地区较为常见。

地上型填埋则是在地下水位较高或地形条件不适宜开挖的地区所采用的。它直接在平整的地面进行垃圾填埋，要求场地坐落在较厚的黏土层之上，以确保填埋场的稳定性和安全性。天津市南开区的南翠屏公园内高于地面的小山，便是一个典型的地上型填埋实例，其由建筑垃圾堆积而成。

值得注意的是，虽然大多数垃圾填埋场位于陆地之上，但在一些土地资源紧张且毗邻海洋的国家，如日本和新加坡，为缓解土地压力，不得不将填埋场选址于近海区域。这些填埋场通过构建护岸或护坡结构，围合出特定空间用于储存和填埋垃圾，既解决了土地资源紧张的问题，又需特别注意防止海洋污染的发生。

3. 按照氧气的存在状况可分为厌氧填埋和好氧填埋

厌氧填埋是一种通过隔绝空气，使填埋场内的垃圾在无氧环境下进行分解的方法。此方法的显著优势在于其结构简易、操作便捷且初期建设成本低廉。更重要的是，厌氧分解过程中产生的填埋气，主要成分为沼气（富含甲烷），这不仅为填埋场提供了一种可回收的能源，还显著缩短了垃圾达到稳定状态的时间——通常在 4～10 年完成，期间甲烷气体的产量可激增 200%～250%，因此被多国广泛采用。然而，厌氧填埋也存在一个显著问题，即垃圾渗滤液中的氨氮浓度长期维持较高水平，这在一定程度上降低了渗滤液的生物处理效率。

相比之下，好氧填埋更接近于高温堆肥过程，其核心优势在于垃圾分解速度迅猛，填埋场能在较短的时间内（通常为 2～4 年）达到稳定状态，且过程中能自然产生约 60℃ 的高温环境，有效杀灭垃圾中的致病菌，大幅减少渗滤液的产生量，从而减轻对地下水的污染风险。然而，好氧填埋的复杂性体现在其结构设计、施工难度及高昂成本上，这些因素共同限制了其在大规模应用中的普及。尽管如此，好氧填埋在处理效率和环保效益上的显著优势，仍为垃圾填埋技术的发展提供了宝贵探索方向。

4. 按照环保设施的设置情况可分为简单填埋、受控填埋等

简易填埋，作为一种基础且原始的垃圾处理方式，其核心特征在于缺乏必要的环保措施，且往往未能遵循任何既定的环保标准。在我国，这类填埋场占据了生活垃圾处理设施的比例约为 50%，它们常被形象地称为"露天填埋"。从本质上看，简易填埋与自然衰减型填埋有着异曲同工之处，均依赖自然环境对垃圾的自然降解作用，但这一过程中难以避免地对周边环境造成了污染。

与简易填埋相比，受控填埋（或称半封闭型填埋）在环保方面表现出了一定的进步，尽管其在我国的应用比例（约 30%）仍有限。受控填埋的特点在于配备了一定程度的环保设施，但这些设施可能不够全面，或者即使设施齐备，其运行效果也可能未能完全达到既定的环保标准。具体而言，受控填埋常面临的问题包括防渗层效果不佳，导致渗滤液容易渗漏；渗滤液处理系统能力不足，无法有效净化废水；以及日常覆盖作业不规范，增加了环境污染的风险。因此，尽管受控填埋场相较于简易填埋场在环保上有所改进，但仍对周围环境造成了一定程度的污染。

（二）垃圾渗滤液

垃圾填埋场对环境的影响主要是固废在填埋过程中会产生含有大量污染物的渗滤液。垃圾渗滤液是指垃圾填埋场中垃圾自身含有的水分、进入填埋场的降雨和径流、微生物分解有机质产生的水分及其他水分，是一种有机废水。

1. 垃圾渗滤液的成分

垃圾渗滤液，作为垃圾填埋过程中产生的复杂液体，其成分多样且极具挑战性。主要可分为四大类成分。

第一类是有机物类别，垃圾渗滤液中检测到的有机物种类繁多，已超过 60 种，其中不乏具有毒性和致癌性的物质。这些有机物的含量通常以化学需氧量（COD）、生物化学需氧量和总有机碳等指标来衡量，其 COD 值极高，可达每升数千甚至数万毫克，远超城市生活污水的水平。

第二类是无机金属离子和非金属离子，包括 Cd^{2+}、Mg^{2+}、Fe^{3+}、Na^+、Zn^{2+} 等多种金属离子以及 CO_3^{2-}、SO_4^{2-}、Cl^- 等非金属离子。特别值得注意的是，在酸性发酵阶段，铁离子和锌离子的含量会显著上升，铁离子的浓度可达到约 2000mg/L，锌离子的浓度则可达到约 130mg/L。此外，这些离子中的许多对微生物具有抑制作用，从而妨碍了微生物对有机物的有效分解。

第三类是微量元素，如 Mn、Cr、Ni、Pb 等，这些元素虽然含量相对较低，但其存在可能对环境和生物体产生长远影响。

第四类是大量的微生物，这些微生物的存在进一步加剧了渗滤液处理的复杂程度。

综上所述，垃圾渗滤液因其高浓度、高毒性、复杂多样的成分而成为环境污染的主要来源之一。若处理不当，不仅会对地表水造成污染，还可能通过渗透作用危及地下水的安全，对生态环境和人类健康构成严重威胁。因此，对垃圾渗滤液进行科学、有效的处理是环境保护工作中不可或缺的一环。

2. 垃圾渗滤液的特征

（1）污染物种类多样且浓度波动大

垃圾渗滤液中的污染物种类繁多，涵盖了耗氧有机污染物、多种金属离子以及植物营养素。若填埋场中混入工业固废，渗滤液中还可能含有有毒有害的有机污染物，进一步加剧了其复杂程度。

（2）水量变化显著

垃圾渗滤液的水量主要源于自然降水（包括降雨和降雪）、地表径流、固废自身携带的水分以及有机物分解产生的水分。其中，自然降水是渗滤液的主要来源，导致渗滤液的水量在雨季显著多于旱季。此外，地表径流、填埋场的地势、覆土材料、植被覆盖情况及排水设施等因素也会对渗滤液的水量产生影响。

（3）营养元素比例失衡

在采用生物处理法处理垃圾渗滤液时，废水中营养元素的比例对微生物的生长繁殖至关重要。通常，好氧微生物的最佳营养元素比例（C：N：P）为 100：5：1。然而，垃圾渗滤液中磷元素的含量往往很低，C：P 比例甚至可能高达 300 以上，这种严重的营养比例失调会抑制微生物的繁殖，从而降低生物处理的效果。因此，在生物处理前，通常需要补充磷元素或预先进行脱氮处理。

（4）含盐量高

渗滤液中的含盐量指的是溶解在其中的离子总量。渗滤液的含盐量普遍较高，特别是在填埋初期，溶解性盐的浓度可能达到 10000mg/L 以上，其中包含了大量的钠、钙、铁、氯化物、硫酸盐等。这些高浓度的盐分在填埋后约 1 年达到峰值。若要对垃圾渗滤液进行生物处理或再生回用，必须先进行脱盐处理以降低其含盐量。

3. 垃圾渗滤液的处理方法

垃圾渗滤液的处理方法丰富多样，主要包括以下几种。

（1）生化法

生化法利用微生物的代谢活动，通过硝化反硝化等生化反应，将渗滤液中的有机物和氨氮有效转化为无害物质。在生化系统中，通过精细调控 pH、溶解氧浓度、污泥回流比及碳氮比等关键工艺参数，确保微生物能够高效降解有机物和氨氮。

（2）物化处理法

物化处理法涵盖活性炭吸附、化学沉淀、密度分离、化学氧化与还原、膜渗析、汽提及湿式氧化等多种技术手段。这些方法不依赖水质、水量的变化，能够稳定产出高质量的处理水，尤其适用于那些难以通过生物法有效处理的垃圾渗滤液。

（3）膜法

膜法利用超滤膜、纳滤膜及反渗透等高科技膜材料，实现对细菌、微生物及溶解盐的精准去除。该方法以其高过滤精度和不受环境因素干扰的稳定运行特性而著称。

（4）A/O + 膜法

A/O + 膜法巧妙结合了活性污泥法与膜分离技术，通过两者的协同作用，显著提升了渗滤液中 COD 和 $NH_3 - N$ 的去除效率。

（5）低耗蒸发 + 离子交换法

低耗蒸发与离子交换法的联合应用，为去除渗滤液中的污染物和氨氮提供了高效解决方案。通过蒸发过程减少水分，再利用离子交换技术进一步净化水质。

（6）其他创新方法

此外，还有反渗透脱气除臭法、臭氧氧化技术、电解提金技术等新兴方法。这些方法不断推动着垃圾渗滤液处理领域的创新发展。在实际应用中，我们可根据渗滤液的具体性质和处理目标，灵活选择并优化组合上述方法，以达到最佳处理效果。

（三）垃圾填埋气

垃圾填埋气，作为生活垃圾填埋后微生物分解的产物，主要成分为甲烷与二氧化碳，二者分别占据总体积的 30% ~55% 及 30% ~45%。此外，该混合气体中还混杂着微量的空气、散发恶臭的气体以及其他不易察觉的微量成分。

关于甲烷，这一成分具有显著的易燃易爆特性，但其爆炸条件较为特定，需与空气混合且浓度达到空气中体积的 5% ~15% 方可触发。因此，在封闭的填埋场环境中，甲烷爆炸的风险极低。然而，一旦填埋气体通过土壤间隙逸散至填埋场外并与空气混合，其潜在的爆炸危险性便不容忽视。

此外，填埋气体中还含有少量的氨、一氧化碳、硫化氢及多种挥发性有机物，这些成分不仅散发出难闻的气味，还可能对空气质量造成不利影响。尽管甲烷与二氧化碳同为温室气体，但根据联合国政府间气候变化专门委员会的规定，未经处理的填埋气体中的二氧化碳被视为自然碳循环的一部分，不纳入温室气体统计范畴。相反，甲烷因其强大的温室效应（约为同体积二氧化碳的 21 倍），被明确列入大气温室气体清单之中。

综上所述，垃圾填埋气的处理与利用不仅关乎环境保护与公共安全，也是应对全球气候变化挑战的重要一环。

二、垃圾的焚烧

焚烧法，作为一种先进的高温热处理技术，其核心在于利用过剩的空气量在焚烧炉内促使有机废物发生氧化燃烧反应。此过程中，废物内含的有毒有害物质在高温环境下被有效氧化分解，从而实现废物的无害化、减量化和资源化三重目标。

焚烧技术尤其适用于处理富含有机成分且热值较高的废物。在发达国家，由于垃圾中纸张和塑料的比例较高，这些材料自身便具有较高的热值，从而减少了额外燃料的需求，降低了整体处理成本。然而，在我国，由于垃圾分类体系尚不完善，垃圾中常混杂有玻璃、金属、石块等不适宜燃烧的成分，这些杂质的混入会显著增加焚烧过程中的燃料消耗，影响处理效果并提升成本。因此，完善垃圾分类成为推动垃圾焚烧技术有效应用的前提。

焚烧过程伴随着强烈的氧化反应和大量辐射热的释放，这使得焚烧技术不仅能够有效减少废物体积（减容率超过80%），还能通过回收热能用于发电等目的，实现能源的再利用。同时，高温燃烧环境（可达 800~1000℃）能够彻底消灭各类病原体，并将有毒有害物质转化为低毒或无毒形态，确保了处理过程的无害化。此外，焚烧技术的广泛应用还有助于节约宝贵的土地资源。

从焚烧厂的类型来看，主要包括城市生活垃圾焚烧厂、一般工业固废焚烧厂和危险废物焚烧厂等。其中，城市生活垃圾焚烧厂因处理量大、需求广泛而数量最多，成为焚烧技术应用的主体。

（一）垃圾焚烧发电流程

在城市垃圾进入焚烧系统之前，为确保高效、安全的处理过程，我们需将不可燃成分含量降至约5%，并控制粒度均匀细小、含水率低于15%，同时排除所有有毒有害物质。这一目标通过人工拣选、破碎、分选、脱水与干燥等预处理环节得以实现。当前，多数城市的垃圾焚烧发电流程由以下八大系统构成。

1. 垃圾的储存及进料系统

该系统集成了垃圾储坑、抓斗与进料斗等关键设备。垃圾车经地秤称重后，在自动门控制下将垃圾倒入储坑，随后由抓斗进行均匀搅拌，并定时送入焚烧系统的进料斗中，准备进行后续处理。

2. 焚烧系统

焚烧系统的核心是焚烧炉，内部设有炉床、燃烧室及供风系统。机械可移动式炉排设计使得垃圾能够依次经过干燥、燃烧、燃尽三大区域，实现高效燃烧。空气从炉排下方供给，与垃圾充分混合，提升燃烧效率。燃烧产生的高温烟气则通过锅炉换热，转化为蒸汽用于发电，同时烟气经过净化处理达标后排放。

3. 废热回收系统

废热回收主要采用三种方式：一是与锅炉合建，直接转化热能为蒸汽；二是利用水墙式焚烧炉结构，通过循环水加热产生热水再转化为蒸汽；三是将加工后的垃圾与常规燃料混合，作为大型发电站的混合燃料使用。

4. 发电系统

余热锅炉产生的高温高压蒸汽驱动发电机涡轮转动，进而产生电力，实现能源的回收利用。

5. 废气处理系统

该系统包括烟气通道、废气净化设施及烟囱，主要针对焚烧过程中产生的颗粒物及酸性气体（如氯化氢、二氧化硫）进行处理。现代技术多采用干式或半干式洗烟塔结合布袋除尘器的方式，以确保废气排放符合环保标准。

6. 废水处理系统

针对垃圾储存过程中产生的渗滤液等废水，采用物理、化学及生物处理工艺，实现达标排放或回收利用。

7. 灰渣处理系统

焚烧产生的灰渣包括底灰、飞灰及锅炉灰等，需通过排渣系统及时清除。飞灰因其可能含有重金属或有机毒物而被视为危险废物，需进行固化处理后再送至填埋场，以防止二次污染。

8. 自动控制系统

现代化焚烧炉配备先进的控制与测试系统，通过监控运转性能、传感器数据、设备状态等，实现高效、稳定的自动化运行。中控室操作人员可实时查看各项参数，确保焚烧过程的安全与高效。

（二）垃圾焚烧过程的参数控制

1. 焚烧温度

焚烧温度是指废物中有害成分在高温环境下氧化、分解直至被破坏所需达到的关键温度。通常而言，较高的焚烧温度有利于有害成分的彻底分解与破坏，并能有效抑制黑烟的生成。然而，过高的焚烧温度不仅会提升燃料消耗，还可能加剧废物中金属的挥发及氮氧化物的排放，从而引发二次污染。因此，焚烧炉内的温度设定需谨慎，不宜盲目提升。我国生活垃圾焚烧污染控制标准明确规定了烟气出口温度不得低于850℃，这意味着焚烧炉内的温度必须维持在更高水平，以确保处理效果。

2. 停留时间

停留时间是指废物在焚烧炉内完成氧化、燃烧过程，转化为无害物质所需的最短时间。这一参数直接影响焚烧效果，并作为确定焚烧炉设计容量的重要依据。合理的停留时间能够确保废物中的有害成分得到充分处理。

3. 混合程度（扰动）

混合程度，或称"扰动"，是垃圾焚烧过程中的关键因素。它决定了垃圾与助燃空气之间的接触效率，进而影响燃烧效果及污染物生成量。有效的扰动方式包括空气扰动、机械炉排扰动及流态化扰动等，其中流态化扰动效果最佳但成本较高。大型焚烧炉多采用机械炉排扰动，而中小型焚烧炉则倾向于空气扰动方式。

4. 过剩空气量

在燃烧系统中，由于实际操作条件的限制，空气与垃圾往往难以达到理想状态的完全混合与反应。为确保燃烧充分，我们必须提供超过理论需求量的助燃空气，即过剩空气。对于固体废物焚烧，过剩空气量通常以50%～90%的理论空气量为基准；而对于液体和气体废物，这一比例则增至20%～30%。实际操作中，我们需根据焚烧炉的运行状况调整过剩空气量，通常以7%的过剩氧气为参考基准进行微调。过低的过剩空气量会导致燃烧不完全、黑烟产生及有害物质残留；而过高的过剩空气量则会降低燃烧室温度，影响燃烧效率，并增加排气量和热损失。因此，精确控制过剩空气量对于优化燃烧过程至关重要。

第四节　垃圾热解与堆肥

一、垃圾的热解

（一）热解的概念

热解是指生活垃圾在没有氧化剂存在或缺氧条件下加热（一般超过500℃），通过热化学反应将大分子物质（如木质素、纤维素等）分解成较小分子的热化学转化技术。

（二）影响垃圾热解的主要因素

垃圾热解受到多种因素的影响，主要包括热解温度、垃圾成分、垃圾粒度、垃圾含水率以及反应时间。以下是对这些影响因素的详细分析。

1. 热解温度

热解温度是决定垃圾热解效果的关键因素。温度过低时，热解反应不完全，尤其对大分子有机物而言，其裂解效率较低，燃料气产量有限。然而，过高的温度虽然能促进热解反应，但也会导致能源浪费。一般而言，750℃被视为热解反应较为理想的温度点，此时燃料气产率较高。进一步提高温度后，热解效果提升不再显著，因此实际操作中常将热解温度控制在750℃以上。

2. 垃圾成分

垃圾成分对热解性能有显著影响。富含有机物的垃圾（如塑料）热解效果好，热值高，且残渣少。挥发分高的垃圾（如锯末、树枝、秸秆）相较于低挥发分材料（如稻草、稻壳）具有更高的产气率。橡胶和塑料的热解产油率尤为突出。

3. 垃圾粒度

垃圾粒度大小直接影响垃圾热解的均匀性和效率。粒度较大的垃圾需要更长的热解时间，而粒度小的垃圾则能更快地达到热解条件，产气率也相对较高，但热解油含量可能较低。同时，预处理成本也是选择粒度时需要考虑的因素，我们通常将垃圾破碎成颗粒状比粉末状更为经济高效。

4. 垃圾含水率

垃圾含水率是影响热解产气率的重要因素。高含水率的垃圾会降低热解干物质的比例，从而降低热值和热解效率。不同城市的垃圾含水率各异，高水分含量不仅要求更多的外部热量输入，还会增大燃料气中水蒸气的比例，进一步降低热解气体的热值和可用性。因此，在热解前降低垃圾含水率是提高热解效率的关键步骤。

5. 反应时间

反应时间的长短直接关系垃圾中有机质的转化率和产气率。为了充分利用垃圾中的有机质，我们需要延长垃圾在反应器内的停留时间。停留时间越长，反应越充分，产气率越高，但处理量会相应减少。反之，虽然处理量增加，但反应不充分会导致热解效率降低。因此，在实际操作中，我们需要根据具体需求和条件来平衡反应时间和处理量之间的关系。

（三）热解和焚烧的区别

垃圾的热解与焚烧作为垃圾资源化的两种主要手段，它们在多个方面展现出明显的区别。

产物差异：焚烧的主要产物是二氧化碳等气体，这些气体虽然对环境有一定影响，但主要通过烟气净化系统进行处理。相比之下，热解的产物则更为多样化，包括气态的氢气、甲烷、一氧化碳，液态的甲醇、丙酮、醋酸、乙醛、焦油等有机物，以及固态的焦炭或炭黑。这些产物不仅具有更高的利用价值，还便于后续的储存和加工。

反应性质不同：焚烧是一个典型的放热过程，通过燃烧反应释放大量热能，这些热能有多种用途，如发电、供暖等。而热解则是一个吸热过程，其需要外部热源提供能量以驱动反应进行。

能源形式差异：焚烧产生的热能通常用于就近的利用场景，如发电或供暖。而热解产生的燃料油及燃料气不仅热值高，还具有良好的储存性和可运输性，适合远距离输送和更广泛的应用场景。

反应环境不同：焚烧是在有氧环境下进行的，我们需要充足的氧气支持燃烧反应。而热解则是在缺氧或无氧条件下进行，这种环境有利于特定产物的生成并减少有害气体的排放。

基于上述区别，垃圾热解相较于焚烧具有以下几大优势。

①产物利用更灵活：热解产物包括燃料气、燃料油和炭黑等，这些产物不仅储存性能好，而且应用广泛。燃料气可用于烹饪和取暖，燃料油作为绿色燃料可减少环境污染，炭黑则可转化为炭基肥用于农业生产。相比之下，焚烧产生的热能利用方式较为单一。

②环境污染小：由于热解是在缺氧或无氧条件下进行的，因此产生的氮氧化物、二氧化硫等有害气体较少，对大气环境的二次污染较小。而焚烧过程中可能产生大量氮氧化物、二氧化硫及烟尘等污染物，需要额外的烟气净化处理。

③有害成分控制更佳：热解过程中，废物中的硫、重金属等有害成分大多被固定在炭黑中，减少了对周围环境的直接污染。焚烧后产生的烟尘中则可能含有二氧化硫及重金属颗粒，对环境和人体健康构成潜在威胁。

④减少毒性物质生成：热解为还原气氛，有助于抑制某些有害物质的毒性转化。例如，Cr^{3+} 在还原条件下不易氧化为毒性更大的 Cr^{6+}，从而降低了环境风险。

二、垃圾处理的生物转化技术

城市垃圾作为复杂混合物，富含多种可生物降解的有机物，经过适当预处理后，这些有机物能更有效地通过生物转化途径得到利用。生物转化技术不仅能够促进资源的循环利用，还能减少环境污染，主要途径包括厌氧生物发酵与好氧堆肥。

厌氧生物发酵技术，在无氧条件下，利用特定微生物将垃圾中的有机物迅速转化为甲烷和氢气等产物。此过程虽高效，但伴随产生的有机脂肪酸、乙醛、硫醇及硫化氢等气体和混合物，可能对环境构成潜在威胁，尤其是高浓度的硫化氢，其毒性强烈且易于与有机废弃物反应，生成黑色恶臭物质。

相比之下，好氧堆肥技术则在人工控制的环境中进行，通过调节水分、碳氮比及通风条件，促进好氧微生物的活跃，将垃圾中的有机物转化为腐殖质肥料。此过程中释放的能量维持微生物活动，并产生的高温有效杀灭病原体，确保最终产品的卫生安全。好氧堆肥以其无害、减量的特点，成为垃圾处理的重要选项，其完善的工艺体系确保了操作的规范性和产品的高质量。尽管所有生物分解过程均伴随一定程度的气味，但好氧堆肥通过科学管理能显著减少不良气味的产生。

随着技术的不断进步，好氧堆肥正朝着缩短周期、提升产品质量的方向迈进，成为实现垃圾稳定化、无害化、减量化的关键手段，同时也是推动固体废物资源化、能源化的重要技术路径。

（一）好氧堆肥工艺流程

以禽畜粪便垃圾堆肥为例，从原料到成品的完整转化过程如下。

1. 前处理

前处理阶段，其核心任务在于对原料进行初步净化与调整，以剔除塑料、玻璃、石块等非堆肥物质，并确保垃圾粒径、含水率及碳氮比达到适宜堆肥的均匀状态。针对禽畜粪便含水率过高的特性，此阶段特别注重水分的精确调控及必要时碳氮比的优化，甚至可能添加特定菌种以加速发酵进程。恰当的水分管理对避免通气障碍、促进堆体快速升温及减少臭气排放至关重要。

2. 主发酵

主发酵在密闭的发酵仓内进行，通过强制通风或定期翻堆搅拌，以确保充足的氧气供应，满足好氧微生物的生长需求。此阶段，微生物活跃分解易降解有机物，释放二氧化碳、水及大量热能，推动堆体温度迅速上升。随着微生物的繁殖与代谢，原料逐步转化为堆肥半成品，此过程通常持续 4～12 天，标志着主发酵期的结束。

3. 后发酵

后发酵阶段，堆肥半成品被转移至后发酵仓继续熟化。此时期，微生物活动虽有所减缓但仍保持一定水平，进一步分解残余有机物，转化为腐殖酸、氨基酸等稳定成分，最终产出完全成熟的堆肥产品。后发酵通常持续 20～30 天，期间堆体温度逐渐下降，产品稳定性与肥效显著提升。

4. 后处理

后处理环节旨在彻底清除前处理中遗漏的杂质，如塑料碎片、玻璃碴等，并对堆肥成品进行精细加工，如破碎、筛分，以确保产品颗粒均匀，便于市场销售及农田施用。此阶段还包括对筛分出的杂质进行分类处理，实现资源最大化利用。

5. 脱臭

针对堆肥过程中产生的氨气、硫化氢等有害气体，实施严格的脱臭措施至关重要。

我们可采用化学除臭剂、生物过滤器、吸收法或吸附法等技术手段，有效捕捉并分解臭气分子，减少环境污染，保障生产区域及周边居民的健康安全。生物过滤器尤为高效，其除臭率可达 95% 以上。

6. 储存

鉴于堆肥市场需求存在季节性波动，堆肥厂需配备充足的储存设施，以平衡生产与供应节奏。理想的储存环境应干燥、通风良好，避免堆肥受潮变质。一般而言，储存空间应能容纳至少 6 个月的产量，确保在施肥淡季也能稳定供应市场。

（二）垃圾堆肥影响因素

影响堆肥化过程的多重因素中，通风、含水率及温度是最为关键的三个方面，同时，有机质含量、颗粒度、碳氮比、碳磷比及 pH 等也发挥着不可忽视的作用。

1. 通风量

良好的通风条件与充足的氧气供应是好氧堆肥顺利进行的基石。堆肥过程中，至少需确保 50% 的氧气能够渗透到堆料的每一个角落，以满足微生物氧化分解有机物的需求。通风量的设定需恰到好处，如一次发酵阶段，建议每分钟为每立方米垃圾堆提供约 0.2 立方米的氧气。通风量不足会导致堆体升温缓慢，微生物活性受限，影响堆肥效果；而过高的通风量则会无效消耗能源，增加成本，并可能因堆体温度下降而不利于发酵。通风方式多样，包括自然通风、强制通风（如使用风机通过通风管供氧）及机械翻堆等。

2. 含水率

水分在堆肥过程中扮演着至关重要的角色，它不仅是溶解有机物的媒介，也是调节堆体温度的关键因素。适量的水分能促进微生物活动，加快反应速度，确保堆肥充分发酵与腐熟。然而，过高或过低的含水率均不利于堆肥过程，前者可能引发厌氧条件，后者则可能限制微生物活性。一般而言，适宜的含水率范围需根据具体物料特性确定，但通常建议控制为 50% ~ 60%。

3. 温度

温度是反映堆肥微生物活性及分解效率的重要指标。堆肥过程中，微生物分解有机物释放热量，推动堆体温度升高，这一过程通常经历升温、高温维持及降温三个阶段。适宜的高温环境（如 55 ~ 60℃）能有效杀灭病原体及寄生虫，保障堆肥产品的无害化。然而，温度过高（如超过 70℃）会抑制有益微生物的生长，降低分解速率；而温度过低则无法达到预期的杀菌效果。

4. 有机质含量

有机质是堆肥过程的基础能源，其含量直接影响堆体温度及通风需求。适宜的有机质含量范围（如20%～80%）有助于维持稳定的堆肥温度，促进微生物繁殖与有机物分解。

5. 颗粒度

垃圾颗粒的大小直接影响堆体的通气透水性能及降解效率。适宜的颗粒度范围（如5～60mm）能有效防止局部厌氧环境的形成，并避免堆体坍塌。不同物料类型的适宜颗粒度可能有所差异，我们需根据实际情况进行调整。

6. 碳氮比

碳是微生物的主要能量来源，而氮则是合成微生物细胞及蛋白质的关键元素。适宜的碳氮比（如26～35：1）能确保微生物在分解有机物的同时维持良好的生长状态。碳氮比过低会导致氮素挥发损失，影响肥效；而过高则会限制微生物活性，延长堆肥周期。

7. 碳磷比

磷是微生物活动不可或缺的营养元素之一，适宜的碳磷比有助于提升堆肥效率及产品质量。在堆肥过程中，我们可通过添加富含磷的物料（如污水厂剩余污泥）来调节碳磷比。

8. pH

pH是反映堆肥环境酸碱性的重要指标，其动态变化受微生物活动及有机物分解过程的影响。适宜的pH范围（如7.5～8.5）有助于维持微生物的最佳活性状态，促进堆肥反应的顺利进行。pH过低可能表明供氧不足，需加强通风；而过高则可能伴随氨气逸出等问题，需及时采取措施进行调整。

参考文献

[1] 刘雪婷. 现代生态环境保护与环境法研究［M］. 北京：北京工业大学出版社，2023.

[2] 崔淑静，王江梅，徐靖岚. 环境监测与生态保护研究［M］. 长春：吉林科学技术出版社，2022.

[3] 林华影，许媛，马万征，等. 检验检测技术与生态保护［M］. 长春：吉林科学技术出版社，2022.

[4] 贾秀丽，刘婧，王思琪. 风景园林设计与环境生态保护［M］. 长春：吉林科学技术出版社，2022.

[5] 卢延庆. 水族文化生态保护区建设研究［M］. 北京：经济日报出版社，2022.

[6] 王开德，李耀国，王溪. 环境保护与生态建设［M］. 长春：吉林人民出版社，2022.

[7] 李向东. 环境监测与生态环境保护［M］. 北京：北京工业大学出版社，2022.

[8] 郑华，张路，孔令桥，等. 中国生态系统多样性与保护［M］. 郑州：河南科学技术出版社，2022.

[9] 李明雪，朱显峰. 化学污染与生态保护［M］. 开封：河南大学出版社，2021.

[10] 田春艳. 法治视阈下农村生态环境治理研究［M］. 天津：南开大学出版社，2019.

[11] 傅长锋，陈平. 流域水资源生态保护理论与实践［M］. 天津：天津科学技术出版社，2020.

[12] 唐坚. 基层生态环境保护与发展制度［M］. 北京：经济日报出版社，2019.

[13] 袁素芬，李干蓉，李文. 环境科学与生态保护［M］. 沈阳：辽海出版社，2019.

[14] 李永宁. 生态保护与利益补偿法律机制问题研究［M］. 北京：中国政法大学出版社，2018.

[15] 宋海宏，苑立，秦鑫. 城市生态与环境保护［M］. 哈尔滨：东北林业大学出版社，2018.

[16] 陈中飞，周梦玲. 环境治理与经济高质量发展研究［M］. 北京：科学出版社，2023.

[17] 蓝文陆，邓琰. 陆海统筹生态环境治理研究［M］. 北京：科学出版社，2023.

[18] 孔德安，王正发，韩景超. 水环境治理技术标准理论与实践［M］. 南京：河海大学出版社，2022.

[19] 臧文超. 化学物质与新污染物环境治理体系［M］. 北京：中国环境出版集团，2022.

[20] 徐静，张静萍，路远. 环境保护与水环境治理［M］. 长春：吉林人民出版社，2021.

[21] 聂菊芬，文命初，李建辉. 水环境治理与生态保护［M］. 吉林人民出版社，2021.

[22] 康丽，曾红艳，凌亢. 无障碍环境治理体系构建与实践［M］. 沈阳：辽宁人民出版社，2021.

[23] 陈海峰，齐丹，宋亚丽. 生态发展背景下的环境治理与修复研究［M］. 天津：天津科学技术出版社，2021.

[24] 张新宇. 多元化环境治理体系理论框架与实现机制［M］. 天津：天津社会科学院出版社，2021.

[25] 胡乙. 多元共治环境治理体系下公众参与权研究［M］. 长春：吉林大学出版社，2021.

[26] 郭苏建，方恺，周云亨. 环境治理与可持续发展［M］. 杭州：浙江大学出版社，2020.

[27] 李丹. 环境治理社会化的法治进路研究［M］. 北京：中国政法大学出版社，2020.

[28] 廖成中. 生态文明视阈下区域环境污染治理政策体系研究［M］. 武汉：武汉大学出版社，2019.

[29] 杨波. 水环境水资源保护及水污染治理技术研究［M］. 北京：中国大地出版社，2019.

[30] 张艳梅. 污水治理与环境保护［M］. 昆明：云南科技出版社，2020.